꼭 한번은 가봐야 할 우리나라 자연유산

천연기념물(식물) 100선

꼭 한번은 가봐야 할 우리나라 자연유산

천연기념물(식물) 100선

글·사진
이상길, 이규범

마루비

들어가며

나무는 오직 한자리에서 모진 세월의 풍상을 온몸으로 견디어 낸다. 그래서 우리 조상들은 크고 오래된 나무를 보면 삶의 절대적 존재로 여겨 신성시하며 소중한 존재로 여겼다. 나라가 위기에 처하거나 어려울 때면 신념과 사상의 구심점이 되어 주었으며, 고달픈 삶의 여정에서는 계절마다 모습을 바꿔가며 아름다움을 안겨 줌으로써 우리 삶에 휴식과 위로를 주기도 하였다.

1987년 나는 처음으로 '나무병원'이라는 다소 생소한 직장(당시만 해도 생소했던 이름이었다.)에서 일을 시작했다. 돌아보니 어느덧 강산이 세 번이나 바뀐다는 30년 세월이 훌쩍 지나갔다. 그 시간은 오로지 "나무사랑, 지금 우리가 할 일입니다."라는 한 가지 마음으로 전국의 나무를 벗 삼아 산이든 들이든 가리지 않고 나무 진료를 다녔던 일관된 시간들이었다.

그동안 한국의 자연유산으로 수많은 천연기념물 노거수를 진료해 오면서 때론 희열에, 때론 난관에 봉착한 적이 한두 번이 아니었다. 무엇 하나 애착과 사랑이 가지 않은 나무가 없었지만 그 중에 제주 평대리 비자나무 숲과 산천단 곰솔 군, 안동 용계리 은행나무, 보은 속리 정이품송, 양평 용문사 은행나무 등을 직접 관리하고 치료할 때 느꼈던 감정이란 그 어떤 것에서도 느껴 보지 못한 애착과 사명감을 안겨 주었다. 반면 병해충 피해와 자연재해로 노거수가 속절없이 사라져가는 모습을 지켜봐야 할 때는 그 이상의 아픔을 견뎌야만 했다.

이처럼 나무들에 대한 그동안의 애착과 사랑, 기억이 나로 하여금 천연기념물 노거수를 소개하는 책을 써야겠다는 결심을 하게 만들었다. 나무를 지속적으로 관리하고 치료하고 보존해야 하는 소임도 중요하지만 한편으로는 지금의 이 모습 그대로를 영원히 남겨야 한다는 간절한 사명, 그 이끌림이 카메라와 펜을 들게 한 것이다.

우리나라 자연유산 천연기념물(식물)은 유형에 따라 노거수, 수림지, 마을숲, 희귀식물, 자생지, 지역분포한계지를 국가유산청이 지정하여 보호 관리하고 있다. 2024년 12월 현재 지정된 천연기념물(식물)은 총 275건이다. 그중 노거수가 180건으로 65%에 해당한다. 본서는 다시 그중에서 상징성, 수종의 외관, 특이성, 희소성 등을 고려하여 일반 국민이라면 누구나 어려움 없이 방문이 가능한 노거수 위주로 100건을 선발하였다.

노거수는 말 그대로 오래되고 큰 나무를 일컫는다. 자연재해에 취약할 수밖에 없다. 이 말인즉슨, 우리가 관심을 갖고 보호해 주지 않으면 찰나에 사라져 버릴 수 있는 존재라는 뜻이다.

천연기념물은 우리 국민이라면 당연히 모두가 관심을 가져야 할 국가유산이다. 따라서 직접 봐야 관심이 생기고 관심이 있어야 소중한 가치를 인식하고 관리를 통해 우리 후손에게 건강한 상태로 넘겨줄 수 있다.

천년 세월을 살아온 은행나무와 주목나무, 그리고 상상 이상으로 굵은 느티나무 노거수를 보게 되면 다들 놀랍고 경이로울 것이다. 하지만 천년을 살아온 나무라 해서 다 그렇게 큰 것만은 아니다. 그래서 고욤나무 노거수나 소교목 형태의 회양목 노거수를 마주하면 어떤 생각이 들지 독자 여러분들의 반응이 사뭇 궁금하다. 그런 의미로 본서에서는 천연기념물에 대한 관심을 이끌고자 가능한 한 많은 사진 자료를 제공해 보려 노력하였다.

운 좋게도 평생 노거수와 함께했던 그동안의 경험과 애정을 다시 독자들과 함께 나누게 되어 기쁘기 그지없다. 부족하나마 이 책이 우리나라 자연유산 천연기념물 노거수에 한 발 다가가는 계기가 될 수 있기를 바란다.

2025년 3월
저자 이상길, 이규범

차례

1

2

강원특별자치도

경기도/인천광역시

3

경상남도/경상북도/부산광역시/울산광역시

4

5

전라남도/전북특별자치도/광주광역시

제주특별자치도

1

강원특별자치도

강릉 방동리

무궁화

소재지 강원특별자치도 강릉시 사천면 가마골길 22-8(방동리)
천연기념물 지정일자 2011년 1월 13일
지정당시 추정수령 110년

"무궁 무궁 무궁화, 무궁화는 우리꽃, 피고 지고 또 피어 무궁화라네~".
아득한 추억 속에서나 남아 있는 이 노래는 내 어릴 적만 해도 누구나 즐겨
불렀던 동요다. 무궁화는 과거 전국 방방곡곡 어느 곳에서나 흔하게 볼 수
있는 꽃으로 "무~궁화 삼~천리 화려강산~"이라는 애국가 가사에도 등장
할 만큼 우리 민족 모두에게 친근한 꽃이다. 하지만 지금은 다른 정원수에
밀려 멋진 무궁화나무를 보기가 그리 쉽지만은 않다.

현재까지 알려진 우리나라의 가장 굵은 무궁화는 강릉 박씨 종중 재실 경
내에 있는 무궁화로 나무높이는 4m 정도이며, 근원부 둘레가 1.5m에 이른
다. 추정수령은 일반 수명보다 두 배가 넘는 110년이다. 꽃은 홍단심계로 순
수 재래종의 원형을 간직하고 있어 우리나라 무궁화의 대표격이라 할 수 있
다. 홍단심계의 특징은 주변 꽃잎이 분홍색이거나 연한 자주색으로, 중심
부 단심이 더 짙은 붉은색을 띤다.

찾아가기 ▶ 동해고속도로 북강릉요금소에서 약 5.4km 거리에 있어 10분 이내에 도착할 수 있
다. 꽃이 한창인 7월 중순에서 8월 초순 사이에 방문하면 만발한 무궁화 꽃을 바라보며 끈기와
영원, 일편단심, 섬세한 아름다움을 의미하는 꽃말을 되새겨 볼 수도 있다. 강릉의 자연유산으로
명승 경포대와 경포호(6.8km), 용연계곡 일원(12km), 대관령 옛길(20km) 등이 있고, 천연기념물
로 오죽헌 율곡매(7.3km)와 장덕리 은행나무(13km)가 가까운 거리에 있어 함께 방문하면 좋을 것
같다.

강릉 장덕리

은행나무

소재지 강원특별자치도 강릉시 주문진읍 장덕리 643
천연기념물 지정일자 1964년 1월 31일
지정당시 추정수령 800년

　은행나무는 암수딴몸으로 말 그대로 암나무와 수나무로 구분된다. 수나무는 열매가 달리지 않으며, 강릉 장덕리 은행나무가 대표적이다. 전설에 따르면 이 나무는 원래 열매가 달렸는데 열매의 특유한 구린내 때문에 마을 사람들의 고통이 이만저만이 아니었다고 한다. 그런데 마침 이 마을을 지나던 한 노승이 은행나무에 주문을 외고 부적을 붙인 다음부터 더 이상 열매를 맺지 않게 되었다고 한다. 은행나무의 수명이 길다 보니 생긴 설화가 아닌가 싶다.

　이 은행나무의 나무높이는 26m이고, 가슴높이 둘레는 9.6m이다. 원줄기 2~3m 높이에서 여러 개의 줄기가 뻗어 수관을 형성하고 있다. 예전에 마을 진입도로와 농수로가 수관 내를 관통해 입지 환경이 열악했으나 현재는 팔각정, 가로등 설치 등 주변 정비로 그 모습이 과거와는 확연히 달라졌다. 다만 외과치료를 받은 줄기 일부가 자연 노출된 상태로 관리되고 있다.

　장덕리 마을은 복사꽃(개복숭아)으로도 유명해 복사꽃이 피는 4월 중하순경에 방문하면 가득한 꽃향기와 더불어 은행나무의 장엄함까지 볼 수 있어 일석이조의 기쁨을 누릴 수 있다.

찾아가기 ▶ 북강릉요금소에서 약 11km, 주문진항에서 약 6km, 연곡해수욕장에서 약 8km 거리에 있어 접근성이 매우 좋다. 가까운 강릉의 자연유산으로는 명승 용연계곡 일원(18km)과 경포대와 경포호(19km)가 있고, 천연기념물로 방동리 무궁화(13km)와 오죽헌 율곡매(17km)도 있다.

강릉 장덕리 은행나무

고욤나무

소재지 강원특별자치도 강릉시 옥계로 1028-5
천연기념물 지정일자 2018년 8월 29일
지정당시 추정수령 250년

　고욤나무는 내한성이나 내병성이 약한 감나무를 튼튼하게 할 목적으로 접붙일 때 대목으로 사용하는 나무로 우리 생활문화와 밀접한 관계가 있다. 반면 열매는 애처로울 정도로 작고 떫어 나무에 달린 채로 버려지는 경우가 많다. 어린 시절, 간혹 서리가 내린 후 씨가 절반인 고욤나무의 열매를 한 움큼 따먹곤 했는데 그럴 때마다 떫은맛에 몸서리를 치곤 했다. 하지만 장독대에 묻어 둔 단맛이 우러난 고욤을 함박눈이 펄펄 내리던 날에 꺼내 먹던 기억은 이제는 아련한 추억으로 남아 있다.

　고욤나무는 우리나라 전역에 분포하지만 거목은 찾아보기 쉽지 않다. 이곳 현내리 고욤나무는 '고욤나무가 저렇게까지'라는 감탄이 나올 정도로 보기 드문 거목이다. 나무높이 19m, 가슴높이 둘레 2.9m로 추정수령이 250년이 될 만큼 규모에 있어 매우 희귀할 뿐 아니라 고유 수형을 잘 간직하고 있어 자연 학술적 가치가 높아 현재 천연기념물로 지정되어 보호 관리되고 있다. 이 마을에서는 이 고욤나무를 신목으로 신성시해 나무 남측에 성황당 건물을 짓고 매년 마을의 무사안녕을 기원하는 성황제를 지낸다.

찾아가기 ▶ 　동해고속도로 옥계요금소에서 1.5km 거리에 있어 5분 이내에 도착할 수 있다. 가까운 곳에 정동진(13km), 금진해변(4.8km), 망상해수욕장(7.6km)이 있다. 여름철 함께 방문해 커다란 고욤나무가 주는 시원함과 기운을 한껏 느껴 본다면 마음에 큰 힐링이 되지 않을까 싶다. 또 다른 강릉의 자연유산 천연기념물로 산계리 굴참나무 군(6.6km), 정동진 해안단구(12km)가 가까운 거리에 있어 함께 방문하면 좋을 것 같다.

음나무

소재지 강원특별자치도 삼척시 근덕면 궁촌리 452
천연기념물 지정일자 1989년 9월 16일
지정당시 추정수령 600~1,000년

엄나무라 불리기도 하는 음나무는 귀신 쫓는 나무라 해서 옛날 우리 조상들은 음나무 가지를 문 앞 기둥에 묶어 놓기도 했다. 또한 삼척 궁촌리 마을에서와 같이 천 년 가까이 마을의 안녕과 평안을 기원하는 서낭나무 역할을 하기도 한다.

삼척 궁촌리 음나무는 나무높이 18m, 가슴높이 둘레가 5.4m로 그 추정 수령이 600~1,000년으로 우리나라에서 가장 크고 오래된 음나무로 알려져 있다. 예전에는 큰 줄기와 작은 줄기가 함께 어우러져 멋진 수관을 형성하여 7~8월이면 예쁜 황록색 꽃을 피웠지만 아쉽게도 수십 년 전부터 수세가 쇠약해져 큰 줄기만 남은 채로 옛날 모습을 점점 잃어가고 있다. 현재는 수세 회복을 위한 보호 관리가 진행되고 있는데 특히 수세 쇠약의 한 원인으로 지목된 나무 주변 석축과 복토를 제거한 상태로 나무 주변으로 돌담 울타리가 둘러져 있고 돌담 입구 쪽으로 금줄이 있어 접근을 막고 있다. 마을 주민들은 이 노거수를 매우 신성시하여 예나 지금이나 매년 단오날에 당제를 올리고 있다. 이른 봄에 음나무 잎이 동쪽 가지에서 먼저 피면 영동지방에, 북서쪽 가지에서 먼저 피면 영서지방에 풍년이 든다는 설이 전해져 오는데 그 진위를 확인해 보는 것도 흥미롭겠다.

찾아가기 ▶ 동해고속도로 근덕요금소에서 13km 거리에 있어 15분 이내에 도착할 수 있다. 궁촌항(2.1km), 맹방해수욕장(14km)과 가까우므로 한 번쯤 방문하여 수령 1,000년의 위용을 자랑하는 음나무의 크기를 확인해 보기를 권한다. 부근 삼척의 문화유산으로 삼척도호부 관아지(20km), 두타산 이승휴 유적(35km), 준경묘(37km) 등이 있고, 자연유산으로 명승 죽서루와 오십천(20km), 천연기념물로 환선굴과 대금굴(48km), 도계리 긴잎느티나무(51km), 갈전리 당숲(62km) 등이 있다.

삼척 도계리

긴잎느티나무

소재지 강원특별자치도 삼척시 도계읍
도계리 287-2
천연기념물 지정일자 1962년 12월 7일
지정당시 추정수령 1,000년

긴잎느티나무는 느티나무의 변종으로 우리 주변에서 쉽게 볼 수 있으며, 이름 그대로 잎이 좁고 긴 것이 특징이다. 느티나무는 줄기가 굵고 수관 형성이 좋으며 수명이 길어 수세대에 걸쳐 정자나무로서 쉼터 역할을 해왔다. 또한 당산나무로서 액운을 막고 마을을 지키는 수호신으로 우리 곁을 지켜온 나무이기도 하다. 삼척 도계리 긴잎느티나무 역시 1,000년을 넘게 우리 민족과 희노애락을 함께하며 예전이나 지금이나 액운을 막아 주고, 많은 이들의 무사안녕과 번영을 책임진 서낭나무로 현재의 자리를 굳건히 지키고 있다. 전설에 의하면, 고려 말 정변을 피해 선비들이 나무 주변에 모여 살았다고 하여 지금도 시험 합격을 기원하며 치성을 들이는 방문객들의 발길이 잦다고 한다. 매년 풍년을 기원하는 연등제가 음력 2월 15일에 느티나무 주변에서 열린다.

나무높이 20m, 가슴높이 둘레 9m, 수관 폭은 약 25m에 이른다. 1986년에 나무줄기 속 틈으로 화재가 있었고, 1987년에는 태풍 셀마에 의해 굵은 가지 하나가 부러지는 피해를 입기도 하였다. 공동과 상처는 공동 충전 및 인공수피 처리 등 외과수술 치료로 보호해 오다가 현재는 공동에서 충전물을 걷어 내고 자연 노출시킨 상태로 관리되고 있다. 원래 도계여자중학교 운동장에 있었는데 현재는 주변을 정비하여 공원으로 활용하고 있다. 계절과 상관없이 긴잎느티나무 외관의 거대한 모습은 감탄사가 절로 나오므로 꼭 한 번 방문해 보길 권한다.

찾아가기 ▶ 동해고속도로 삼척요금소에서 28km 거리에 있어 25분이면 도착할 수 있다. 부근 삼척의 문화유산으로 사적 흥전리 사지(3.8km), 준경묘(20km), 삼척도호부 관아지(30km), 두타산 이승휴 유적(32km) 등이 있고, 자연유산으로 명승 죽서루와 오십천(30km), 천연기념물로 환선굴과 대금굴(23km), 갈전리 당숲(34km) 등이 있다.

삼척 도계리 긴잎느티나무

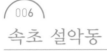

속초 설악동

소나무

소재지 강원특별자치도 속초시 설악동 20-5번지 1필
천연기념물 지정일자 1988년 4월 30일
지정당시 추정수령 500년

옛부터 우리 민족은 소나무를 추운 겨울에도 잎이 변하지 않고 늘 푸르러 절개를 간직한 나무라고 하여 귀하게 여기며 사랑했다. "남산 위의 저 소나무 철갑을 두른 듯 바람 서리 불변함은 우리 기상일세"라는 애국가 가사에서도 알 수 있듯이 우리 민족이 지나 온 고난과 역경의 삶을 소나무에서 그 닮은 꼴을 찾지 않았나 싶다. 그래서 만약 당신이 소나무를 좋아한다면 우리 민족일 가능성이 매우 높다.

남산 위에 저 소나무가 있다면 속초 설악산에는 설악산의 매서운 바람과 추위를 장장 500년간이나 꿋꿋이 이겨 낸 천연기념물, 설악동 소나무가 있다. 이 소나무는 속초에서 설악동으로 가는 국립공원사무소 입구 도로 중앙의 작은 숲에 위치해 있다. 천연기념물 지정 때만 해도 줄기가 지상 2.5m 높이에서 세 개로 갈라져 아름다운 수형을 형성했으나 두 개 가지가 자연 고사로 잘려져 나갔고, 현재는 한 개 줄기만 살아남아 수관을 형성하고 있다. 나무 보호를 위해 줄기의 상처에 대한 외과치료를 실시하였고, 가지 찢겨짐 예방을 위해 안전시설물이 설치되어 있다. 이 나무는 서낭당 당산나무로 보호 관리되고 있는데 나무 주변에 돌을 쌓으면 장수한다는 전설이 전해진다. 현재는 주변 정비사업으로 인해 돌무더기 흔적은 찾아볼 수 없다.

찾아가기 ▶ 동해고속도로 북양양 요금소에서 6.4km, 미시령동서관통도로 속초요금소에서 7.5km 거리에 있어 10분이면 도착할 수 있다. 가까운 거리에 있는 속초의 문화유산으로 사적 조양동 유적(9.4km)이 있고, 자연유산으로 명승 비룡폭포 계곡 일원, 토왕성폭포, 비선대와 천불동계곡 일원이 설악산 내에 자리해 있다. 설악산은 자체가 천연보호구역으로 지정된 천연기념물로 볼거리가 많다.

007

영월 청령포

관음송
(觀音松)

소재지 강원특별자치도 영월군 남면 광천리 산67-1
천연기념물 지정일자 1988년 4월 30일
지정당시 추정수령 600년

　영월 청령포는 험준한 암벽이 서쪽에 솟아 있고 서강이 나머지 삼면을 휘돌아 흘러 마치 섬과 같은 모양으로 자연경관이 매우 뛰어나 2008년에 명승지로 지정되었다. 조선 단종의 유배지로도 유명한 이 명승지는 슬픈 역사 속 이야기를 찾아 매년 많은 사람들이 방문하고 있다.

　청령포는 밖에서 바라보면 외부 시선을 단절시키는 소나무 숲이 빽빽하게 들어차 있어 배를 타고 서강을 건너야만 비로소 진정한 그 모습을 볼 수 있을 만큼 소나무 숲이 울창하기로 유명하다. 특히 유배당한 어린 단종의 슬픔을 보고 들었다 하여 이름 붙여진 관음송은 나무높이가 30m에 달하고, 가슴높이 둘레는 5.2m로 추정수령은 600년에 이른다. 원줄기가 둘로 갈라져 있어 어린 단종이 이 나무의 줄기에 걸터앉아 시름을 달랬다고 전해진다. 관음송은 현재 울타리로 보호 관리되고 있어 나무에 걸터앉거나 직접 만져볼 수 없다. 다만 가까이서 바라보고 있노라면 단종을 이곳 유배지에 데려다 주고 돌아가던 금부도사 왕방연이 읊었던 "천만리 머나먼 길에 고운 님 여의옵고 이 마음 둘 데 없어 냇가에 앉았으니 저 물도 내 안 같아야 울어 밤길 예놋다."라는 시구절이 떠올라 슬픔을 자아낸다.

찾아가기 ▶ 38번 국도 영월나들목에서 2.5km 거리에 있어 20분 이내에 도착할 수 있다. 가까운 거리에 있는 영월의 문화유산으로 사적 장릉(3km)과 영월부관아(3.6km)가 있다. 장릉은 조선 단종의 능으로 세계문화유산으로 등재된 조선왕릉 중 하나다. 영월의 자연유산으로 명승 선돌(5.7km), 한반도 지형(14km), 어라연 일원(15km)이 있고, 천연기념물로 하송리 은행나무(3.3km), 고씨굴(12km) 등이 가까이 있다.

영월 청령포 관음송(觀音松)

영월 청령포 관음송(觀音松)

008

영월 하송리

은행나무

소재지 강원특별자치도 영월군 영월읍 하송리 190-4
천연기념물 지정일자 1962년 12월 7일
지정당시 추정수령 1,300년

　영월 하송리 은행나무는 나라에 큰일이 생길 때(1910년 일제강점, 1945년 8·15해방, 1950년 한국전쟁)마다 스스로 가지를 부러뜨려 예언을 했다는 나무로 유명하다. 이 은행나무는 영월 엄씨의 시조인 통일신라시대 엄임의가 심고, 그 후손들이 보호 관리해 온 것으로 천 년을 넘게 살고 있다. 추정 수령은 1,300년으로 양평 용문사 은행나무와 더불어 우리나라에서 가장 오래된 은행나무로 알려져 있다.

　현재는 영월 하송리 마을 가운데에 위치하여 마을 정자나무로서의 역할을 하고 있다. 나무높이는 38m이고, 가슴높이 둘레가 14m에 이른다. 수목 보호를 위해 줄기 부위에 있는 상처나 부후부는 외과치료로 자연 노출시키거나 인공수피 처리를 하였다. 규장각에 보관된 문헌자료에 따르면 조선 후기 문인인 신범의 기행문에 이 은행나무를 소개한 글귀가 있다고 하니 이미 그때부터 많은 사람들에게 회자되던 나무였음을 알 수 있다. 최근까지 매년 10월 초중순이 되면 자연유산 민속행사 지원사업으로 마을의 안녕과 어르신들의 무병장수를 기원하는 은행나무 동제가 열리고 있다.

찾아가기 ▶ 38번 국도 영월요금소에서 3.3km 거리에 있어 5분 이내에 도착할 수 있다. 가까운 거리에 영월의 문화유산으로 사적 영월부관아(1km)와 장릉(2.4km) 등이 있다. 영월의 자연유산으로는 명승 선돌(5km), 한반도 지형(15km), 어라연 일원(13km)이 있고, 천연기념물로 청령포 관음송(3km), 고씨굴(11km)도 가까이 있어 함께 탐방하면 좋겠다.

009

원주 반계리

은행나무

소재지 강원특별자치도 원주시 문막읍 반계리 1495-1
천연기념물 지정일자 1964년 1월 31일
지정당시 추정수령 800~1,000년

'살아있는 화석'이라 불리는 은행나무는 오랜 역사를 가진 나무답게 수명 또한 매우 길다. 실제 우리나라에서 천연기념물로 지정된 노거수 180건 중 25건이 은행나무로 그 으뜸자리를 차지하고 있다. 이 중 원주 반계리 은행나무는 봄, 여름, 가을, 겨울 사계절 내내 줄기, 가지, 잎 등 수관이 주는 자태가 매우 아름다워

가히 우리나라에서 가장 아름다운 은행나무라 할 만하다. 수간 폭이 대략 35m로 매우 넓어 10월 중하순에서 11월 초순 사이에 노랗게 물든 황금빛 단풍은 형언하기 어려울 정도의 황홀한 장관을 보여 준다.

이 은행나무의 수령은 800~1,000년으로 추정되며, 나무높이와 가슴높이 둘레가 각각 32m와 16.3m에 이른다. 다섯 그루 형태의 큰 줄기가 수관을 형성하고 있으며 일부 줄기에서는 유주가 자라고 있다. 마을 주민(성주 이씨)에 의해 처음 심어진 걸로 전해지지만 한편으론 이 마을을 지나가던 한 스님이 목이 말라 우물에서 물을 마시고 꽂아 놓고 간 지팡이가 자라 은행나무가 되었다는 왠지 이 나무와 더 잘 어울리는 전설도 있다. 그런가하면 나무 안에 큰 백사가 살고 있어 나무를 해하면 재앙이 닥친다는 또 다른 전설은 이 나무가 최고의 아름다움을 유지할 수 있었던 비결이지 않았을까 생각도 해본다.

찾아가기 ▶ 영동고속도로 문막요금소에서 약 5km 거리에 있어 접근성이 매우 좋다. 영동지방을 지날 때 꼭 들러 원주 반계리 은행나무가 주는 기운을 온몸으로 받아 보길 적극 추천한다. 가까운 거리에 반계저수지가 있으니 수변생태공원의 습지 둘레길을 걸어보는 것도 좋다. 원주의 문화유산으로 사적 거돈사지(17km), 법천사지(18km), 강원감영(19km) 등이 있고, 자연유산 천연기념물로는 원성 대안리 느티나무(17km), 원성 성남리 성황림(42km) 등이 있다.

원주 반계리 은행나무

원주 반계리 은행나무

010

정선 두위봉

주목

소재지 강원특별자치도 정선군 사북읍 하이원길 116-42(사북리)
천연기념물 지정일자 2002년 6월 29일
지정당시 추정수령 상단부 주목 1,200년, 중단부 주목 1,400년, 하단부 주목 1,100년

'살아서 천년, 죽어서 천년'이라는 주목은 주로 일본, 만주, 러시아 등지에 분포한다. 우리나라에서는 설악산, 점봉산, 함백산, 태백산 등 높은 산악지나 추운 곳에서 잘 자라며 우리나라에서 가장 오래된 것으로 추정되는 주목 세 그루가 정선 두위봉(해발 1,470m)에 있다.

정선 두위봉 주목은 추정수령이 1,100~1,400년으로 희귀성이 높고, 아름다운 자연 수형으로 학술적 가치가 커 천연기념물로서 보호 관리되고 있다. 세 그루 중 최고령목은 수령이 1,400년으로 추정된 중단부 주목이다. 이 주목은 공동이 커 오래전에 이를 충전하는 외과치료를 받았으나 근래에 충전물을 제거해 공동을 자연 노출시킨 상태로 관리하고 있다. 또한 공동부 위쪽에 관통형 줄당김을 하여 지지력이 약해진 줄기의 찢어짐을 방지하고 있다.

찾아가기 > 정선 도사곡 휴양림에서 출발하여 숲속 맑은 공기와 계곡의 청명한 물소리를 즐기며 두위봉 정상을 향해 2시간 30분 정도 걸으면 8부능선쯤에서 만나볼 수 있다. 6월 중순경이라면 산자락을 온통 분홍빛으로 물들인 철쭉꽃이 피어 아름다운 산행을 즐길 수 있다. 가까운 곳에 억새로 유명한 민둥산, 휴양시설 사북 하이원리조트 등도 있어 시간적 여유를 갖고 방문해 본다면 후회 없는 여행이 될 것이다. 정선의 자연유산 천연기념물로 화암동굴(22km), 봉양리 뽕나무(31km), 반론산 철쭉나무 및 분취류 자생지(56km) 등도 있어 함께 방문해도 좋겠다. 뽕나무에서 도보로 5분 거리에서 있는 정선 5일장 장터 구경도 곁들인다면 더욱 좋을 듯싶다.

정선 두위봉 주목

011

평창 운교리

밤나무

소재지 강원특별자치도 평창군 방림면 운교리 36-2
천연기념물 지정일자 2008년 12월 11일
지정당시 추정수령 370년

　알밤은 밤송이에서 빠져나온 밤톨을 말하는데 보통 꿀밤과 같은 의미로도 쓰인다. 흔히 주먹으로 머리를 쥐어박는 '꿀밤'이 밤나무와 무슨 연관성이 있는지 모르겠지만 아마도 밤나무가 그만큼 오랫동안 우리 생활과 매우 친숙한 나무라서가 아닐까 짐작해 본다. 밤나무 중 놀랄 만한 굵기와 크기로 고목의 자태를 한껏 뽐내는 노거수가 보고 싶다면 평창 운교리 밤나무를 적극 추천한다.

　이 밤나무는 나무높이가 16m이고, 가슴높이 둘레는 6.5m이며, 수관 폭은 약 26m이다. 현재까지 알려진 밤나무 중 가장 크고 생육상태도 양호해 재래종 밤나무로서 학술적 가치가 매우 커 보호 관리되고 있는 천연기념물이다. 기념물 지정 당시에는 밤나무 주변으로 주택이 있었으나 지금은 밤나무 주변 정비사업으로 주차 공간 및 안전시설물 등의 설치로 쉼터 공간이 마련되어 있다. 밤나무 앞에 운교역창 마방과 성황당이 있었다고 전해지나 현존하지 않는다. 밤나무 앞 42번 국도는 과거 영동과 영서를 잇는 중요 교통로였다고 한다.

찾아가기 ▶ 　영동고속도로 새말요금소나 둔내요금소에서 28km 거리에 있어 30분 이내에 도착할 수 있다. 어느 때든 찾아가도 좋지만 알밤을 수확하는 9~10월경을 노려봄 직하다. 주변에 함께 가볼 만한 곳으로 청옥산 육백마지기(39km), 가리왕산 자연휴양림(42km)이 있다. 평창의 문화유산으로 사적 오대산사고(57km)가 있고, 자연유산 천연기념물로 백룡동굴(42km)이 있다.

평창 운교리 밤나무

2

경기도/인천광역시

012

고양 송포

백송

소재지 경기도 고양특례시 일산서구 덕이동 1000-8
천연기념물 지정일자 1962년 12월 7일
지정당시 추정수령 250년

　백송은 우리나라에서 흔히 볼 수 없는 희귀수종으로 조선시대 때 중국을 왕래하던 사신들에 의해 심어진 것으로 추측된다. 고양 송포 백송도 조선 세종 때 최수원 장군이 고향에 돌아오는 길에 가져다 심었다는 설과 조선 선조 때 유하겸이 최씨 일가의 조상에게 준 것을 심었다는 두 가지 설이 함께 전해진다. 이 마을 주민들은 중국에서 온 나무라 해서 당송이라 불렀다고 한다.

　현재 송포 백송은 탐진 최씨 묘역 옆 언덕에 위치해 있다. 나무높이가 10m이고, 가슴높이 둘레는 2.9m이며 뻗은 가지가 부채살을 펼쳐 놓은 역삼각형 모양을 하고 있다.

찾아가기 ▶　자유로 장월나들목에서 16km 거리에 있어 20분 이내에 도착할 수 있다. 일산 호수공원과는 5.7km 떨어져 있다. 함께 방문할 만한 고양의 문화유산으로는 사적 행주산성(17km), 공양왕릉(26km), 서오릉(30km), 서삼릉(30km) 등이 있다. 이 중 서오릉과 서삼릉은 조선왕릉으로 세계문화유산으로 등재되어 있다. 고양의 자연유산으로 삼각산(35km)이 명승으로 지정되어 있다. 삼각산은 조선 병자호란 때 중국으로 끌려가던 김상헌이 읊은 "가노라 삼각산아 다시 보자 한강수야"라는 시의 배경이기도 하다.

013

남양주 양지리

향나무

소재지 경기도 남양주시 오남읍 양지리 530
천연기념물 지정일자 1970년 12월 24일
지정당시 추정수령 500년

향나무는 향이 좋아 가구재나 장식재 등에 많이 사용된다. 어린 시절 사용했던 향내 가득했던 연필이 바로 향나무 목재다. 조선시대에는 벼슬아치들이 임금을 알현할 때 손에 쥐던 명패인 홀을 만드는 재료로 쓰여 '홀목'이라고도 불렸다. 많은 쓰임새에도 불구하고 조상의 특별한 보살핌 속에 500년을 살아남은 향나무가 남양주 양지리 마을에 있다.

이 향나무는 나지막한 야산으로 이어지는 언덕 위, 밭 가장자리에 있어 거창 신씨 가문의 양산재를 지나 단풍나무 길을 따라 걸어 올라야 만날 수 있다. 거창 신씨의 선조 묘소 옆에 심었던 나무가 커서 현재의 노거수가 되었다고 전해진다. 나무높이는 12m이고, 가슴높이 둘레가 3.7m이다. 2m 높이에서 원줄기가 7개로 갈라져 사방으로 퍼져 전체적인 모양이 둥글다. 또한 남북 방향의 수관폭이 20.7m로 동서 방향보다 3~4m 정도 더 넓다. 수목 보호를 위해 상처 부위는 외과수술이 실시되었다.

찾아가기 ▶ 세종포천고속도로(구리–포천) 동별내요금소에서 6.2km 거리에 있어 10분이면 도착할 수 있다. 가까운 거리에 있는 남양주의 문화유산으로는 사적 순강원(5.2km), 영빈묘(6km), 사릉(9.4km), 홍릉과 유릉(11km), 안빈묘(11km), 휘경원(12km), 광릉(13km), 광해군묘(15km), 성묘(15km)가 있다. 이 중 사릉, 홍유릉, 광릉 등은 조선왕릉으로 세계문화유산으로 등재되어 있다. 남양주의 자연유산으로 자연 경치가 좋은 운길산 수종사 일원(36km)이 명승으로 지정되어 있다. 이곳 수종사에서 내려다보는 풍광은 답답한 가슴을 뻥 뚫어 주는 최고의 청명함을 선사한다.

014

양주 황방리

느티나무

소재지 경기도 양주시 남면 황방리 136외 3필
천연기념물 지정일자 1982년 11월 9일
지정당시 추정수령 850년

느티나무는 줄기가 굵고 튼튼하며 수관이 넓고 수명도 길어서 옛부터 마을의 정자나무나 당산나무로 많이 활용되었다. 양주 황방리 느티나무는 마을 정자나무로 한여름에 방문하면 굉장한 시원함을 선사받을 수 있다. 웅장한 느티나무 아래에는 쉼터 공간인 정자도 마련되어 있다. 이 정자나무는 마을 입구 시냇가 공터에 자리잡고 있는데 이 마을에 살던 밀양 박씨 조상에 의해 심어진 걸 후손들이 대대로 보호하여 현재에 이른 것으로 전해진다.

이 느티나무는 경기 북부 지역에서 보기 드문 대형 노거수로 나무높이가 24.5m이고, 가슴높이 둘레는 9.8m에 이른다. 원줄기는 두 개의 큰 줄기로 갈라지고 3m 높이에서 네 개의 큰 가지가 사방으로 뻗어 넓고 아름다운 수형을 형성하고 있다. 오래전에 태풍 피해로 한쪽 큰 가지를 잃었고 줄기 밑동의 공동은 충전물을 걷어 내고 자연 노출시킨 상태로 매년 살균 및 방부 처리로 보호 관리되고 있다.

찾아가기 ▶ 3번 국도 은현나들목에서 8km 거리에 있어 10분 내외로 도착할 수 있다. 이 느티나무 바로 옆으로 난 산책길을 따라 100m 거리에는 독립운동가 소양 선생의 생가(조소앙기념관)가 있다. 양주의 문화유산으로는 사적 회암사지(18km)와 온릉(30km)이 있다. 회암사지에는 선각왕사비, 무학대사탑, 쌍사자 석등, 사리탑 등 다수의 국가지정 보물들이 있다. 온릉은 세계문화유산으로 등재된 조선왕릉의 하나로 조선 11대 중종의 첫 번째 왕비의 능이다. 가까운 거리에 봉암과 원당저수지가 있으며 그 주변으로 걷기 좋은 산책로가 조성되어 있다. 서북쪽으로는 산행하기 좋은 감악산이 있다.

015

양평 용문사

은행나무

소재지 경기도 양평군 용문면 신점리 626-1
천연기념물 지정일자 1962년 12월 7일
지정당시 추정수령 1,100년

양평 용문사 은행나무는 용문산관광단지 내에 있는 용문사에 있다. 매표소에서 용문사에 이르는 숲길이 맑은 계곡물을 끼고 있고, 우뚝 솟은 소나무 숲과 활엽수림을 품고 있어 사계절 내내 방문해도 좋다. 용문사 입구에 다다르면 엄청난 위용에 혀를 내두르고 마는 대단한 은행나무를 만날 수 있다. 용문사는 신라 때(913년) 대경대사가 창건한 천년 사찰로서 은행나무가 사찰 입구를 지키고 있는 천왕 같다고 하여 천왕목으로도 불린다.

이 은행나무는 나무높이가 41m이고, 가슴높이 둘레는 14m이다. 추정수령이 1,100년이 넘는 노거수로 영월 하송리 은행나무와 더불어 우리나라에서 가장 크고 오래된 은행나무로 기록되어 있다. 오랜 세월만큼 크고 작은 상처가 많고, 그에 따른 외과치료 흔적과 줄기와 가지를 보호하기 위해 설치한 각종 안전시설물 등을 볼 수 있다. 나무 근처 첨탑은 낙뢰 피해 예방용으로 설치되었다. 이 나무는 나라에 큰 변고가 있을 때 소리를 내어 그 위험을 알렸다고 하며, 조선 세종 때에는 이 나무를 귀히 여겨 정3품 당상관 품계를 하사했다고도 전해진다.

찾아가기 ▶ 수도권 제2순환도로(화도-양평)를 이용하면 남양평요금소에서 20km, 양평요금소에서 24km 거리에 있어 25분 정도면 도착할 수 있다. 광주원주고속도로는 동여주요금소와 25km, 대신요금소와 29km 정도 떨어져 있다. 양평의 대표적인 관광 명소인 두물머리(37km)는 북한강과 남한강이 합쳐지는 한강의 시작점으로 그 풍광이 매우 아름답고 노을이 좋기로 유명하다.

양평 용문사 은행나무

016

여주 효종대왕릉(영릉)

회양목

소재지 경기도 여주시 영릉로 327
천연기념물 지정일자 2005년 4월 30일
지정당시 추정수령 300년

회양목은 북한 강원도 회양지방에서 많이 자란다고 하여 붙여진 이름이다. 하지만 상록성 관목으로 우리나라 어디에서나 자생하며 석회 암지대 지표식물이다. 회양목은 재질이 균일하고 치밀해 오래전부터 도장의 재료로 사용되어 도장나무라고도 불린다. 원래 잎이 작고 잘 자라지 않기 때문에 조경수로서 둥글거나 네모반듯한 생울타리 모습만이 익숙하다. 학설에 의하면 야생에서의 회양목은 5~6m까지 높게 자란다고 하는데 실제로는 주변에서 소교목성의 회양목을 찾아보기는 쉽지 않다.

여주 효종대왕릉(영릉) 재실에 가면 300년 동안 보호를 받으며 자란 소교목성 회양목을 만나볼 수 있다. 단목으로 우리나라에서 가장 크고 오래되어 유일하게 천연기념물로 지정된 회양목이다. 이 회양목의 나무높이는 성인 키의 2.5배에 해당하는 4.4m이고, 수관은 반구형으로 폭은 대략 4.5m 정도 된다. 원줄기는 밑동에서 동서로 둘로 갈라져 소교목의 형태로 곧추 자랐는데 동서 줄기의 가슴높이 둘레가 각각 30cm, 40cm 정도 된다.

찾아가기 ▶ 중부내륙고속도로 서여주요금소에서 약 5km 거리에 있어 7분이면 도착할 수 있다. 조선왕릉은 세계문화유산으로 등재되어 있는데 가까운 거리에 세종대왕릉(영릉)이 동일 권역에 있어 회양목을 먼저 보고 영릉과 함께 탐방길에 올라보는 것도 좋다. 두 왕릉 모두 한글로 영릉으로 불리는데 사용하는 한자는 서로 다르다. 가까운 거리에 여주의 문화유산으로 명성황후 생가(8.1km)와 사적 파사성(19km)이 있다. 특히 여주 파사성은 신라 파사왕 때 만든 산성으로 이곳에서 내려다보는 남한강과 어우러진 주변 풍광이 매우 멋져 추천할 만한 곳이다.

017

이천 도립리

반룡송

소재지 경기도 이천시 백사면 도립리 201-11
천연기념물 지정일자 1996년 12월 30일
지정당시 추정수령 850년

반룡송은 이천 도립리 어산마을에 위치한 소나무로 그 모습이 하늘에 오르기 직전 땅에 또아리를 틀고 있는 용과 닮았다 하여 붙여진 이름이다.

처음 보는 순간, 어떤 세월을 맞이하면 이렇게까지 될 수 있을까라는 생각과 감동이 절로 우러나는 매우 인상적인 소나무다. 위로 높게 자라는 보통 소나무와는 달리 높이 2m 정도에서 가지가 사방으로 넓게 퍼져 사방 수관폭이 12m가 넘는다. 나무높이는 4.5m로 낮은 편인데 하늘로 향한 가지들이 꽈리를 틀고 있는 모양이 매우 독특하다. 특히 중앙 가지는 기묘하게 휘어지고 비틀리면서 마치 용트림하는 기운이 서린 듯한 신비로운 모습을 연출하고 있다.

줄기의 모양이 괴이하여 직접 줄기를 만져 보려는 방문객이 일부 있는데 천연기념물의 보호를 위해 눈으로만 감상하는 것이 좋겠다. 한편 이 나무의 껍질을 벗긴 사람이 병을 얻어 죽었다는 이야기도 전해지기도 하니 나무 전체가 주는 기운을 울타리 밖에서 받아 보는 것도 나쁘지 않을 것이다. 이곳은 신라 말 도선국사가 장차 큰 인물이 태어날 것을 예언하면서 반룡송을 심은 장소 중 한 곳으로 함흥(이태조), 서울(영조), 계룡산(정감)에서 예언대로 큰 인물이 태어났으니 이곳에서도 큰 인물이 날 것이라는 전설이 전해진다.

찾아가기 ▶ 반룡송 입구는 광주원주고속도로 홍천이포요금소와 중부내륙고속도로 북여주요금소에서 7.2km 거리에 있어 12분이면 도착할 수 있다. 반룡송은 주차장에서 200m 정도 떨어진 경작지의 한가운데에 있어 쉽게 확인할 수 있고 진입로가 잘 정비되어 접근이 쉽다. 가까운 거리에 산수유나무가 대단위로 군락을 이루는 산수유마을(1.3km)이 있는데 이른 봄 3~4월에는 노란 꽃이, 11월에는 선홍빛을 띠는 산수유 열매가 장관이니 꼭 함께 방문해 보길 바란다. 이천의 천연기념물로 이천 신대리 백송(4.4km)도 가까운 거리에 있다.

이천 도립리 반룡송

018

포천 직두리

부부송

소재지 경기도 포천시 군내면 직두리 190-7
천연기념물 지정일자 2005년 6월 13일
지정당시 추정수령 300년

　포천 직두리 부부송은 가지가 밑으로 처지는 특성을 가진 처진소나무로 희귀종이다. 소나무 두 그루가 서로 안고 있는 듯 어우러져 부부송으로 불린다. 이 중 덩치 큰 소나무는 가지가 수평으로 넓게 발달하여 큰 우산을 펼친 듯 독특한 모양을 하고 있고, 작은 소나무는 마치 큰 소나무의 품속에 안겨 있는 듯하다. 나무의 높이는 둘 다 6.9m로 키가 그리 크지는 않다. 큰 소나무의 가슴높이 둘레가 3.4m인데 가지 뻗음이 좋아 수관이 넓게 형성되어 폭이 24m에 이른 것도 있다. 길게 뻗은 가지에는 처짐이나 부러짐을 방지하기 위해 지주들이 설치되어 있다.

　이 나무는 마을과 떨어진 산비탈 아래쪽에 있으면서 가지가 산비탈 위쪽으로는 크게 발달하지 않아 오히려 산과의 어울림이 좋다. 수관 전체가 경사면을 따라 흘러내린 듯해 매우 아름다우며 서쪽 계류에서 바라볼 때의 나무 모양이 특히 좋다. 주변은 토지를 수용해 정비가 잘 되어 있는 편이며 작은 언덕 위로 계단이 설치되어 있어 위에서 부부송을 내려다볼 수도 있다. 일제 강점기 때 우리나라 정기를 끊기 위해 영험한 소나무 10개를 잘랐다고 하는데 이 소나무도 그중 하나라고 전해진다. 최근까지도 많은 무속인이 찾는 기도처라고 한다.

찾아가기 ＞ 세종포천고속도로(구리-포천) 포천요금소에서 6.6km 거리에 있어 15분 이내에 도착할 수 있다. 포천의 자연유산으로 수목의 보고인 국립수목원(24km)이 생물권보전지역으로 지정되어 있고, 명승으로 한탄강 멍우리 협곡(36km)과 화적연(38km)이 있으며, 천연기념물로는 아우라지 베개용암(32km), 한탄강 현무암 협곡과 비둘기낭폭포(34km), 한탄강 대교천 현무암 협곡(44km) 등이 있다.

019

화성 전곡리

물푸레나무

소재지 경기도 화성시 서신면 전곡리 149-2
천연기념물 지정일자 2006년 4월 4일
지정당시 추정수령 350년

　물푸레나무는 껍질을 벗겨서 물에 담그면 푸른 물이 우러나온다 하여 붙여진 이름이다. 우리나라 전국 어디서나 잘 자라지만 치밀하고 강인한 재질의 쓰임새로 인해 현재 우리 주변에서 물푸레나무의 노거수를 만나는 건 쉽지 않다. 예전부터 물푸레나무는 도리깨, 도끼나 곡괭이 자루 등 각종 농기구나 생활용품 제작 등에 쓰였고 나무껍질마저 건위제, 소염제 등의 한방 재료로 사용되었다. 이런 와중에도 긴 세월을 버티면서 천연기념물로 지정된 물푸레나무가 총 두 그루가 있는데 각각 파주 물건리와 화성 전곡리에 있다. 이중 파주 물건리 물푸레나무는 주변이 군 사격장으로 바뀌면서 일반인 접근이 어려운 상태다.

　현재 화성 전곡리 물푸레나무는 추정수령이 350년으로 전국에서 가장 오래된 물푸레나무다. 이 나무는 보기 드물게 규모가 크고 수관 발달이 양호한 편이다. 나무높이가 20m이고, 가슴높이 둘레는 4.7m로 우리나라에서 둘레가 가장 굵은 것으로 알려져 있다. 마을 주민들은 이 나무를 마을의 수호신으로 여겨 마을의 풍년과 안녕을 기원하는 제를 올리고 있다.

찾아가기 ▶ 　평택시흥고속도로 송산마도요금소에서 9.3km 거리에 있어 10분 내외로 도착할 수 있다. 화성의 문화유산으로는 국보를 소장하고 있는 용주사(37km)가 있고, 세계문화유산에 등재된 조선왕릉으로 사적 융릉과 건릉(35km)이 있다. 화성의 자연유산 천연기념물로는 고정리 공룡알 화석산지(11km), 뿔공룡(코리아케라톱스 화성엔시스) 골격화석(11km), 융릉 개비자나무(35km)도 있다. 융릉 개비자나무는 우리나라에서 가장 큰 개비자나무로 알려져 있다.

강화 갑곶리

탱자나무

소재지 인천광역시 강화군 강화읍 갑곶리 1015
천연기념물 지정일자 1962년 12월 7일
지정당시 추정수령 400년

탱자나무는 3~4m 높이로 자라는 운향과 낙엽관목으로 열매향이 강하고 가지에 3~5cm 길이의 굵은 가시가 어긋나는 것이 특징이다. 열매 탱자는 건위, 이뇨, 거담, 진통 등에 좋아 약으로도 활용된다. 생으로 먹어 본 사람이라면 생각만 해도 침이 가득 고일 정도로 신맛이 강하다. 남부지방에서는 귤나무의 대목용으로 탱자나무를 재배했는데 주로 나쁜 기운을 막는 의미나 외부 침입을 차단하기 위한 울타리로 많이 심었다.

강화도는 지리적으로 탱자나무가 살 수 있는 북방 한계지로서 예전에는 성 주변에 탱자나무를 심어 적의 접근이나 침입을 막는 방어 수단으로 사용하였다고 한다. 강화 갑곶리 탱자나무도 성을 지킬 목적으로 강화성 건축 시 주변 울타리로 심었다고 한다. 이 탱자나무는 현재 나무높이가 4.2m로 관목의 전형을 보여 주나 근원부 둘레가 2.1m로 보기 드물게 두껍고 추정 수령도 400년으로 아직까지 살아있다는 측면에서의 학술적 가치와 관련 역사성이 인정되어 천연기념물로 보호 관리되고 있다.

찾아가기 ❯ 수도권 제2순환고속도로 서김포/통진나들목(15km)이나 대곶나들목(15km)에서 나와 강화대교를 건너 왼쪽편에 있는 강화전쟁기념관 내에서 만날 수 있다. 강화도는 문화유산으로 사적(17건)이 많은데 선원사지(3.4km), 강화산성(4.8km), 고려궁지(4km), 대한성공회 강화성당(5.1km) 등은 가까운 거리에 있어 함께 방문하면 좋다. 강화의 자연유산 천연기념물로 사기리 탱자나무(19km), 참성단 소사나무(19km), 불음도 은행나무(42km), 갯벌 및 저어새 번식지도 있다. 사기리 탱자나무는 비슷한 시기에 같은 목적으로 심었다고 하니 둘을 비교 감상해 보는 것도 재미있을 것 같다.

인천 신현동

회화나무

소재지 인천광역시 서구 신현동 131-7번지 6필
천연기념물 지정일자 1982년 11월 9일
지정당시 추정수령 500년

회화나무는 콩과라서 생김새가 아까시나무와 비슷하다. 하지만 회화나무의 잎이 더 작고 가지에 가시가 없어 자세히 보면 쉽게 구분이 가능하다. 회화나무는 5월에 개화하는 아까시나무와는 달리 7월 말에서 8월 초에 꽃을 피운다. 인천 신현동 회화나무는 나무높이가 22m, 가슴높이 둘레가 5.6m이다. 원줄기 4m 높이에서 줄기가 두 갈래로 갈라져 있고 가지가 사방으로

길게 뻗어 웅장함을 준다. 마을 정자나무로 쉼터를 제공해 왔는데 마을 주민들은 꽃이 나무 위쪽에 먼저 피면 풍년, 아래쪽에서 먼저 피면 흉년을 점쳤다고 한다.

찾아가기 ▶ 경인고속도로 서인천나들목에서 2.3km 거리에 있어 8분 이내에 도착할 수 있다. 대중교통을 이용하면 인천 2호선 전철 가정중앙시장역에서 내려 15분 정도 걸으면 만날 수 있다. 인천의 자연유산으로 옹진 백령도 두문진이 명승으로 지정되어 있고, 자연유산 천연기념물로 옹진 대청도 동백나무 자생북한지, 옹진 백령도 사곶 사빈(천연비행장), 옹진 백령도 남포리 콩돌해안 등도 함께 가면 좋다. 다만 섬이라 접근성은 좀 떨어진다.

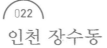
은행나무

소재지 인천광역시 남동구 장수동 63-6
천연기념물 지정일자 2021년 2월 .8일
지정당시 추정수령 800년

　인천 장수동은 예로부터 100세까지 장수하는 마을이라 해서 붙여진 이름이다. 이 마을 주민들은 장수의 이유가 이 은행나무 덕분이라고 믿으며 마을에 액운이 있거나 돌림병이 돌 때면 이 나무에 제물을 올리고 치성을 드렸다고 한다.

　이 은행나무는 나무높이가 28.2m이고, 근원부 둘레는 9.1m이다. 줄기가 밑동에서부터 다섯 개로 갈라져 올라와 가지가 사방으로 균형 있게 뻗어 수형이 매우 빼어나다. 안전 보호 시설물로 나무 가지 무게를 지탱하기 위해 설치된 철재 지지대가 곳곳에 있고 철재 울타리가 수관 바깥쪽에 원형으로 설치되어 있다. 2024년 정비사업으로 근원부 근처에 있던 돌 연석과 울타리를 철거했고 주변도 정리해 깔끔한 경관을 자랑한다. 단풍이 들 때면 그 풍광이 둘째가라면 서러울 정도로 아름다우니 방문해 보길 추천한다.

찾아가기 ▶　수도권 제1순환고속도로 시흥요금소에서 7.1km, 장수요금소에서 9.9km, 제2경인고속도로의 경우는 서창분기점에서 6.4km, 신천요금소에서 7.9km 거리에 있어 15분 내외로 도착할 수 있다. 소래산 공영주차장이나 인천대공원 동문주차장에 주차하면 도보로 2~3분이면 만날 수 있다.

3

경상남도/
경상북도/
부산광역시/
울산광역시

023

거창 당산리

당송

소재지 경상남도 거창군 위천면 당산리 331
천연기념물 지정일자 1999년 4월 6일
지정당시 추정수령 600년

암수한그루인 소나무는 자가꽃 가루받이를 하면 자식열세현상이 나타나지만 사실 소나무는 자체적으로 암꽃과 수꽃이 달리는 위치나 꽃이 피는 시기를 달리해 자식열세현상이 나타나지 않도록 하고 있다. 즉, 햇가지 아래쪽에 있는 수꽃이 먼저 꽃을 피워 꽃가루를 날려 보낸 후에 가지 끝에 있는 암꽃이 꽃을 피워 다른 나무의 꽃가루를 받아들인다. 하지만 보은 속리산 정이품송과 거창 당산리 당송처럼 혈통이 좋은 천연기념물 소나무인 경우 국가유산청은 국립산림과학원과 지자체와의 협업을 통해 인위적으로 꽃가루를 수집해 후계목 육성에 이용하기도 한다.

거창 당산리의 당송은 나무높이가 14m이고, 가슴높이 둘레는 4.1m이며, 수관 폭은 15m 내외이다. 원줄기가 동쪽으로 심하게 기울어져 있고, 굵은 가지도 대부분 동쪽에 있다. 위쪽 가지에는 절단 흔적도 여러 곳 보이지만 가지가 특이하게 꾸불꾸불하고 원줄기도 굵고 웅장한 모습을 유지하고 있다. 나무껍질은 거북 등과 같이 갈라져 연륜이 느껴진다. 거창 당산리 당송은 1910년 일제강점, 8·15해방, 6·25전쟁 등 나라에 큰일이 있을 때마다 웅웅 소리를 내어 그 아픔을 알렸다고 전해진다. 이에 마을 주민들은 신령스런 나무라 하여 '영송'이라고 부르기도 한다. 당송은 마을 주변에 산사나무가 많아 붙여진 이름이라고 한다.

찾아가기 ▶ 광주대구고속도로 거창요금소에서 14km 거리에 있어 20분 이내에 도착할 수 있다. 통영대전고속도로의 경우는 지곡요금소와 23km 떨어져 있다. 거창의 자연유산으로 명승 수승대 (3.5km)와 용암정 일원(6.1km)이 있다.

024

김해 천곡리

이팝나무

소재지 경상남도 김해시 주촌면 천곡리 885외 4필
천연기념물 지정일자 1982년 11월 9일
지정당시 추정수령 500년

　이팝나무는 여름이 시작되는 입하 전후에 꽃이 피는 나무라는 것과 만개한 꽃잎이 그릇에 하얀 쌀밥(이밥)을 담아 놓은 것 같다고 하여 붙여진 이름이다. 여하튼 이팝나무 노거수가 있는 마을의 공통점은 꽃이 풍성하면 그해에 풍년이 들고, 잘 피지 않으면 흉년이 든다는 길흉의 척도로 이 나무를 이용했다고 한다. 물이 많은 곳을 선호하는 이팝나무의 특성상 강수량에 따라 꽃이 피는 양이 달라진다는 자연적인 경험에 따른 것으로 추측되는데 이를 신성시하여 매년 꽃이 피는 5월 무렵이면 마을 주민들이 한해 풍년과 마을의 안녕을 기원하는 제를 올린다고 한다.

　김해 천곡리 이팝나무는 나무높이가 18.3m이고, 근원부 둘레는 7.9m이다. 원줄기 1m 높이에서 두 줄기로 분지했고 두 줄기에서 갈라진 많은 가지들이 수관을 형성하고 있는데 폭은 대략 22m 정도 된다. 줄기 밑동 부위에 커다란 외과치료 부위가 있고 커다란 공동은 부분 노출된 상태로 보호 관리되고 있다. 신천리 이팝나무(11km)가 가까운 거리에 있어 함께 방문해 서로 비교해 감상하면 좋을 것 같다.

찾아가기 ▶ 남해고속도로 서김해요금소에서 3.8km 거리에 있어 10분 이내에 도착할 수 있다. 중앙고속도로의 경우는 상동요금소와 17km, 부산 외곽순환도로의 경우는 광재요금소 또는 한림요금소와 12km 떨어져 있다. 함께 방문하면 좋을 김해의 문화유산으로는 사적 양동리 고분군(3.6km), 수로왕릉과 왕릉비(5.2km), 대성동 고분군(5.3km), 봉화동 유적(5.5km), 구산동 고분군(5.7km) 등이 있다.

김해 천곡리 이팝나무

025

남해 창선도

왕후박나무

소재지 경상남도 남해군 창선면 대벽리 669-1번지 8필
천연기념물 지정일자 1982년 11월 9일
지정당시 추정수령 500년

후박나무는 주로 따뜻한 남쪽 섬지방에서 해안을 따라 자라는데 강인하고 뿌리를 깊게 뻗는 특성이 있어 방풍용으로 많이 심었다. 왕후박나무는 후박나무의 변종으로 남해 창선도에서만 볼 수 있다. 특징은 잎이 뒤집힌 알 모양의 타원 또는 긴 타원형으로 후박나무 잎보다 더 넓다. 남해 창선도 왕후박나무는 우리나라 왕후박나무 중에서 유일하게 천연기념물로 지정된 나무로, 대벽리 단항 마을 농경지 한가운데에 있다. 옛날에 이 마을에 살던 노부부가 잡은 물고기 배 속에서 나온 씨앗을 심은 것이라고 전해지는데 임진왜란 당시 이순신 장군이 이 나무 그늘 아래에서 잠시 휴식을 취했다 하여 '이순신나무'라고도 불린다.

이 왕후박나무는 나무높이가 8.6m이고, 근원부 둘레가 11m이다. 줄기 아래쪽에서 분지한 11개의 줄기가 큰 수관을 형성하고 있는데 남북 수관 폭이 동서보다 3~4m 더 넓어 20m에 이른다.

찾아가기 ▶ 남해고속도로 곤양요금소에서 26km, 사천요금소에서 27km 거리에 있어 30분 이내에 도착할 수 있다. 남해는 충무공 이순신 장군의 노량해전이 있었던 곳으로 문화유산인 관음포 이충무공 유적(37km)이 사적으로 지정되어 있다. 또한 깜짝 놀랄 만한 풍광의 계단식 다랑이 논을 곳곳에서 볼 수 있는데 특히 가천마을 다랑이 논은 지족해협 죽방렴(14km), 조선 태조 이성계의 건국설화가 담겨 있는 남해 금산(27km)과 함께 자연유산 명승으로 지정되어 있다. 남해의 자연유산 천연기념물로는 가인리 화석산지(17km), 물건리 방조어부림(21km), 미조리 상록수림(33km) 그리고 화방사 산닥나무자생지(34km)가 있다.

남해 창선도 왕후박나무

026

의령 백곡리

감나무

소재지 경상남도 의령군 정곡면 법정로 2길 158-15(백곡리 576-1)
천연기념물 지정일자 2008년 3월 12일
지정당시 추정수령 450년

　감나무는 우리나라 민가에서 흔하게 볼 수 있는 우리 고유의 유실수인 과일나무다. 예로부터 잎이 넓어 글씨 쓰기 좋고(문), 화살촉의 재료로 쓰이며(무), 겉과 속의 색이 한결같고(충), 홍시는 이가 없는 노인도 먹을 수 있으며(효), 늦가을 서리에도 열매가 달려 있다(절) 하여 문, 무, 충, 효, 절의 덕목을 두루 갖춘 나무로 사랑받아 왔다. 나 역시 어릴 적 나뭇가지 연필에 침을 묻혀 감잎에 글씨를 쓰고 그 위에 모래를 뿌려 글자를 확인해 보곤 했던 감나무와의 특별한 추억이 있다.

　의령 백곡리에 가면 수령이 일반 감나무의 두 배 정도로 길고 규모가 상상 이상으로 커 위에서 말한 다섯 가지 덕목을 그대로 갖춘 감나무를 만날 수 있다. 이 감나무는 나무높이가 20m이고, 가슴높이 둘레는 3.7m이다. 곧게 뻗은 원줄기의 2m 높이에서 가지가 사방으로 갈라져 자랐고 서쪽 두 개 큰 가지가 절단되어 있어 아쉬움은 있으나 전체적인 수형은 매우 아름답다. 수령이 오래되어 매년 열매를 맺지 않는데 필자가 방문한 해에는 운좋게 감을 볼 수 있었다.

찾아가기 ▶　남해고속도로 함안요금소에서 10km, 장지요금소에서 11km 거리에 있어 15분 이내에 도착할 수 있다. 중부내륙고속도로의 경우는 남지요금소와 23km 정도 떨어져 있다. 의령의 자연유산 천연기념물로 성황리 소나무(6.9km), 세간리 은행나무와 현고수(느티나무)(13km) 등도 있어 함께 탐방하면 좋다.

027

의령 성황리

소나무

소재지 경상남도 의령군 정곡면 성황리 산34-1
천연기념물 지정일자 1988년 4월 30일
지정당시 추정수령 300년

　경남 의령 정곡면 주변은 예로부터 부자들이 많다고 이름이 난 곳으로서 전 삼성그룹 이병철 회장 생가를 비롯하여 전 LG그룹 창업주 연암 구인회 생가(25km)와 효성그룹 창업주 만우 조홍제 생가(22km)가 가까운 거리에 있다. 마침 이병철 생가로부터 2.5km 거리에 소원을 빌기 좋은 서낭나무로 천연기념물 성황리 소나무가 있으니 이곳을 방문해 부자 기운을 한껏 받고 소원을 빌면 좋은 일이 생길 수도 있을 것 같다.

　성황리 소나무는 원줄기의 2m 높이에서 네 갈래로 가지가 갈라졌는데 하나는 고사하고 나머지가 20m 이상으로 넓게 퍼지며 자라 웅장한 수관을 형성하였다. 이 소나무의 나무높이는 13.5m이고, 가슴높이 둘레가 4.8m이다. 수피가 특히 붉고 경사지 토양 유실로 굵은 뿌리가 노출되어 있는데 그 모습이 오히려 아름답게 보인다. 이 소나무와 30m 정도 거리에 소나무 한 그루가 떨어져 있는데 두 소나무의 가지가 맞닿으면 우리나라가 해방이 된다고 했는데 실제로 그해 우리나라가 광복이 되었다고 하는 믿기지 않는 전설이 전해진다.

찾아가기 ▶ 남해고속도로 함안요금소에서 14km, 장지요금소에서 16km 거리에 있어 20분 내외로 도착할 수 있다. 가까운 거리에 있는 의령의 자연유산으로 세간리 현고수(느티나무)(9.1km)와 은행나무(9.6km), 서동리 백악기 빗방울자국(13km) 등도 천연기념물로 지정되어 있다.

의령 성황리 소나무

028

의령 세간리

은행나무

소재지 경상남도 의령군 유곡면 세간리 808외 3필
천연기념물 지정일자 1982년 11월 9일
지정당시 추정수령 600년

　의령 세간리에 소재한 의병장 홍의장군 곽재우 생가에 가면 커다란 은행나무를 만나볼 수 있다. 이 나무는 임진왜란 당시 현고수라 불리는 느티나무와 함께 북을 걸고 의병을 모집했던 나무라고 전해진다. 두 노거수 모두 마을의 서낭나무로서 마을 사람들의 보살핌을 받고 자랐지만 현재 현고수의 건강 상태는 매우 불량한 반면 은행나무는 전체적으로 생장이 양호해 균형 잡힌 웅장함을 갖추고 있어 그 모습이 마치 곽재우 장군의 기개를 보는 듯하다.

　이 은행나무는 나무높이가 24.5m이고, 가슴높이 둘레는 9.1m이다. 수관은 지상 약 2m쯤에서 큰 가지들이 여러 갈래로 발달해서 원추형을 이룬다. 가지에 나란히 생긴 두 개의 유주가 여인의 젖가슴을 닮았다 하여 화제가 되면서 젖이 나오지 않는 산모들이 찾아와 기도를 한다는 이야기도 전해진다.

찾아가기 ▶　남해고속도로 함안요금소에서 21km, 군북요금소에서 23km 거리에 있어 25분 이내에 도착할 수 있다. 중부내륙고속도로의 경우는 남지요금소와 19km 정도 떨어져 있다. 가까운 거리에 있어 함께 탐방할 만한 의령의 자연유산으로는 천연기념물 세간리 현고수(느티나무), 성황리 소나무(9.6km), 백곡리 감나무(13km)가 있다. 특히 세간리 현고수는 은행나무와 같은 마을에 있어 함께 방문하여 건강 상태도 확인하고 빠른 수세 회복도 빌어보면 좋을 것 같다.

송림

소재지 경상남도 하동군 하동읍 광평리 443-10
천연기념물 지정일자 2005년 2월 18일
지정수량·면적 소나무 750그루·50,331㎡

하동 송림은 하동읍의 섬진강을 따라 길게 조성되어 있는 마을 숲이다. 조선 영조 때(1745년) 당시 도호부사였던 전천상이 바닷바람과 모래바람을 막기 위해 섬진강 강변에 인위적으로 조성한 소나무 숲이다. 하동 송림은 현재 우리나라에서 제일가는 노송 숲으로서 주변에 공원이 조성되면서 인근 주민과 하동을 찾는 관광객의 쉼터로 널리 활용되고 있다. 소나무는 심신을 안정시켜 주고 마음을 편안하게 해주는 피톤치드를 많이 발생시킨다고 하니 섬진강 백사장 모래톱을 배경으로 송림 숲길을 걷는다면 최고의 힐링이 되지 않을까 싶다.

현재 하동 송림에는 추정수령이 100~300여 년인 노거수 650여 그루와 그 후계목 300여 그루의 소나무가 심겨져 있다. 소나무 노거수의 나무 껍질은 마치 거북이 등과 같이 갈라져 있어 옛날 장수들의 철갑 옷을 연상케 하는데, 넓은 백사장과 어울려 아름다운 경관을 연출한다. 최근 화가 및 사진

작가들에게 소나무 풍경 명소로 각광을 받고 있는 장소다. 다리만 건너면 바로 전남 광양시라 섬진강변을 따라 만개한 매실나무를 보러 광양을 함께 방문해도 좋을 것 같다.

찾아가기 ▶ 남해고속도로 하동요금소에서 12km, 옥곡요금소에서 16km, 진월요금소에서 16km 거리에 있어 20분 이내에 도착할 수 있다. 하동의 자연유산으로 지리산 쌍계사와 불일폭포 일원(25km)이 명승으로 지정되어 있다. 하동의 자연유산 천연기념물로 축지리 문암송(13km)과 중편리 장구섬 백악기 화석산지(28km)도 있다.

하동 송림

문암송

소재지 경상남도 하동군 악양면 대축길 91(축지리)
천연기념물 지정일자 2008년 3월 12일
지정당시 추정수령 300년

　하동 축지리에 가면 예로부터 많은 문인들이 시회를 열어 칭송한 소나무라 하여 문인송으로 불리는 노거수를 만날 수 있다. 이 나무는 큰 바위를 둘로 쪼갠 듯 바위틈에 뿌리를 내리고 있어 마치 편평한 바위 위에 걸터앉아 있는 듯한 모습을 하고 있다. 소나무 바로 옆에 있는 정자, 문암정 또한 주변 경관과 어울려 한층 운치를 더한다.

　문암송의 나무높이는 14m이고, 가슴높이 둘레가 3.4m이며 수관 폭은 15m 이상이다. 나무가 큰 바위를 품고 있는 형상이며 거의 곧게 자란 줄기에 일부 가지가 늘어져 있는 모습이 일품이다. 예로부터 지역민을 중심으로 문암송계가 조직되어 매년 정기모임을 갖고 나무에 제를 올렸다고 한다. 이 나무 아래에서 바라보는 드넓은 악양 들판의 경관도 매우 뛰어나니 한 번쯤 방문해 보길 추천한다.

찾아가기 ❯　남해고속도로 옥곡요금소와 진월요금소에서 28km 거리에 있어 35분 정도면 도착할 수 있다. 순천완주고속도로의 경우라면 구례화엄사요금소와 황전요금소에서 36km 정도 떨어져 있어 40분 정도 걸린다. 하동의 자연유산으로 지리산 쌍계사와 불일폭포 일원(18km)이 명승으로 지정되어 있으며 쌍계사에는 국보급 보물이 많이 소장되어 있고, 천연기념물로는 하동 송림(13km)이 가까이에 있다. 가까운 거리에 대하소설 《토지》의 주 무대가 되었던 최참판댁(3.4km) 전통 가옥이 있어 찾는 이가 많다. 하동의 문화유산 자료로 악양정(11km)도 유명한데 일두 정여창(1450~1504년) 선생이 은거하면서 학문을 연구하고 제자를 양성하던 정자로 덕은사 경내에 위치해 있다.

하동 축지리 문암송

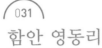

회화나무

소재지 경상남도 함안군 칠북면 영동리 749-1번지 4필
천연기념물 지정일자 1982년 11월 9일
지정당시 추정수령 500년

회화나무는 잎이 우상복엽으로 아까시나무
와 비슷하지만 꽃은 아까시나무와 달리 7~8월
에 담황색으로 핀다. 열매는 콩꼬투리처럼 생
겼는데 잘록잘록하다. 중국이 원산으로 학자수
라 하여 선비들이 좋아했고 사신들이 들여와
향교나 서원, 사찰 등에 많이 심었다고 한다.

함안 영동리 마을 입구 도로변에 천연기념
물로 지정되어 보호 관리되는 회화나무 한 그
루가 있는데 성균관 훈도를 지낸 광주 안씨 안
여거(安汝居)가 1482년에 정착하면서 심은 것
이라고 전해진다. 추정수령은 500년 정도이고,
나무높이는 19.5m이며, 가슴높이 둘레가 5.8m
이다. 수관 중앙의 큰 줄기가 부러져 나무 모양
이 한쪽으로 치우쳐 보이지만 가지가 사방으로
길게 잘 뻗어 있다. 마을 사람들은 이 나무가
마을을 지켜 주는 신성한 나무라고 믿어 매년
음력 10월 1일에 제사를 올린다고 한다.

찾아가기 ▶ 중부내륙고속도
로 칠서요금소에서 5.4km 거리
에 있어 10분 이내에 도착할 수
있다. 함안의 문화유산으로 사
적 말이산 고분군(28km)이 있
고, 자연유산으로 천연기념물 용
산리 백악기 새발자국(6.9km)
과 대송리 늪지식물(35km)이 있
다. 행정구역은 다르지만 창원의
천연기념물로 신방리 음나무 군
(23km)과 북부리 팽나무(25km)
가 30분 거리에 있다.

상림

소재지 경상남도 함양군 함양읍 대덕리 246
천연기념물 지정일자 1962년 12월 7일
지정수량·면적 116종 20,000그루·182,665㎡

마을숲은 전통적으로 마을 사람들의 삶과 관련하여 마을 주변에 조성되어 온 숲이다. 함양 상림은 인위적으로 조성된 마을숲 중에서도 가장 오래된 숲으로 통일신라 진성여왕 때 잦은 홍수 피해를 막기 위해 최치원이 만들었다고 전해진다. 과거에는 대관림(大館林)으로 불렸으나 홍수로 중간 숲은 파괴되었고, 하림은 흔적만 남아 있다. 현재는 상림만이 천년 숲으로 예전의 명맥을 유지해 천연기념물로 지정되어 보호받고 있다. 봄, 여름, 가을, 겨울 사계절 내내 방문해도 숲의 느낌을 만끽하기에 다 좋다.

함양 상림은 보존이 잘 되어 있는 전형적인 온대남부 낙엽활엽수림으로 2만여 그루의 다양한 나무가 자라고 있다. 찾는 이가 많은 상림의 아랫부분과는 달리 상림의 윗부분은 지표 식생 발달이 양호해 복층의 임상을 유지하고 있다. 주요 수종으로 갈참나무, 졸참나무 등 참나무류와 개서어나무류가 있다. 최치원 역사공원과 접해 있고 상림공원이 잘 조성되어 있으므로 산책로를 따라 천년 숲의 숨결을 느껴 보길 바란다.

찾아가기 ▶ 광주대구고속도로의 함양요금소와 서함양요금소를 빠져나오면 5~6분 내에 도착할 수 있다. 함양의 자연유산으로 심진동 용추폭포(25km), 화림동 거연정 일원(26km), 지리산 한신계곡 일원(31km)이 명승으로 지정되어 있다. 자연유산 천연기념물로는 학사루 느티나무(1.2km), 목현리 구송(8.4km), 운곡리 은행나무(25km)도 있다.

함양 상림

033

함양 운곡리

은행나무

소재지 경상남도 함양군 서하면 운곡리 779
천연기념물 지정일자 1999년 4월 6일
지정당시 추정수령 800년

　함양 운곡리에 해주 오씨 집성촌이 있는데 마을 이름이 은행마을이다. 마을이 생길 당시 심은 것으로 전해지는 은행나무가 마을의 상징처럼 되어 마을 이름으로 부르게 되었다고 한다. 한편, 이 마을의 생김새가 배의 형상을 하고 있어 당시 마을 중심부에 은행나무를 심어 돛대 역할을 하게끔 했다는 이야기도 전해진다.

　이 은행나무는 추정수령이 800년이고, 나무높이는 38m이며, 가슴높이 둘레가 8.8m이다. 원줄기 1m 높이에서 분리된 두 개의 줄기가 곧게 자라 5m쯤에서 다섯 개로 분지해 수관을 형성하고 있다. 수관 폭은 동서 방향이 남북 방향보다 5m 정도 더 넓어 30m에 이른다. 마을 안길과 은행나무 주변 경계를 따라 돌담이 둘러져 있어 시골 마을의 고즈넉한 풍경을 맛볼 수도 있다.

찾아가기 ▶　통영대전고속도로 서상요금소에서 5.3km 거리에 있어 10분 이내에 도착할 수 있다. 광주대구고속도로의 경우 지리산요금소와 25km 떨어져 있다. 함양의 자연유산으로 화림동 거연정 일원(7km), 심진동 용추폭포(32km), 지리산 한신계곡 일원(44km)이 명승으로 지정되어 있고, 천연기념물로는 상림(25km), 학사루 느티나무(32km), 목현리 구송(35km)도 있어 함께 방문해도 좋다.

034

합천 화양리

소나무

소재지 경상남도 합천군 묘산면 화양리 835외 1필
천연기념물 지정일자 1982년 11월 9일
지정당시 추정수령 500년

적송 또는 육송이라 불리는 소나무는 우리나라 전국 어디에서나 볼 수 있는 전통 소나무다. 나이를 먹을수록 윗부분이 붉게 변하고 아랫부분은 껍질이 거북 등처럼 갈라지는 특성이 있다. 우리나라의 대표격 소나무 가운데 하나로 꼽히는 소나무가 합천 화양리 나곡마을에 자리해 있다. 전해지는 이야기에 따르면 광해군 때 연흥부원군 김제남이 삼족을 멸할 위기에 처하자 육촌동생이 이곳으로 피신하여 이 나무 아래 초가를 짓고 살았다고 한다.

이 나무는 높이가 17.7m이고, 가슴높이 둘레는 6.2m이며, 수관 폭은 25m 내외이다. 원줄기가 3m 높이에서 세 개 줄기로 갈라지고 위로 더 세분되면서 자랐는데 독특하게 끝부분이 아래로 처져 있어 매우 아름다운 모습을 연출한다. 감히 표현하자면, 외유내강의 품격을 느낄 수 있는 우리나라 최고의 소나무가 아닐까 싶다. 전체적으로는 온화한 느낌을 주지만 가까이서 보면 나무줄기의 껍질이 거북이 등처럼 갈라져 있고 자란 모습이 용처럼 보여 신령스럽고 신비로워 보인다 하여 마을 사람들은 이 소나무를 '구룡목'이라고도 부른다. 아쉽게도 오랜 세월을 이기지 못해 줄기 하나가 고사했는데 이를 베어 내지 않고 그대로 보존하고 있다.

찾아가기 ▶ 광주대구고속도로 해인사요금소에서 11km 거리에 있어 15분 정도면 만나볼 수 있다. 합천의 세계문화유산으로 해인사(23km) 장경판전과 가야 고분군이 있다. 합천 해인사는 장경판전은 물론 대장경판, 고려목판을 포함한 6개 국보가 보존되어 있으며 자연유산으로 해인사 일원은 명승지로 지정되어 있다.

합천 화양리 소나무

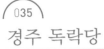

조각자나무

소재지 경상북도 경주시 안강읍 옥산서원길
300-3 (옥산리 1600-11)
천연기념물 지정일자 1962년 12월 7일
지정당시 추정수령 470년

  조각자나무는 콩과의 교목성 낙엽 활엽수로 우리나라에 자생하는 주엽나무와 비슷하다. 둘 다 가지에 가시와 꼬투리 열매가 열리는 공통점이 있지만 조각자나무는 가시가 굵고 단면이 둥글며, 열매가 거의 뒤틀리지 않는다는 점에서 주엽나무와 차이가 있다. 조각자나무라는 이름이 다소 생소하게 들리는 건 중국이 원산지로 우리나라에 자생하지 않기 때문이다. 따라서 국내에 있는 조각자나무들은 선조들이 중국에서 들여와 심은 것이라고 보면 된다. 경주 독락당 울타리 안에도 조각자나무 한 그루가 있는데 500년 전 조선시대 문인 이언적이 중국 사신에게서 받아 심은 것이라고 전해진다.

  이 나무는 나무높이가 14.5m이고, 근원부 둘레는 4.9m이며, 수관 폭이 15m 내외로 동서 방향이 좀 더 넓다. 줄기의 공동은 외과치료로 충전물을 채웠다가 지금은 걷어 내고 노출된 상태로 관리되고 있다. 독랑당은 조선시대의 독특한 건축양식을 갖춘 국가지정 보물이다. 또한 가까운 거리에 있는 옥산서원은 한국의 서원 중 하나로 세계문화유산에 등재되어 있는 국가유산이다.

찾아가기 ▶ 새만금포항고속도로(대구—포항) 서포항요금소에서 17km 거리에 있어 20분 정도면 도착할 수 있다. 천년 고도 경주는 자체가 문화관광도시로 국보와 보물, 사적 등 볼거리가 매우 많다. 따라서 자연유산인 천연기념물만을 주제로 한 탐방을 계획해 보는 것도 흥미로울 것 같다. 경주에는 이 조각자나무 외에도 천연기념물로 육통리 회화나무(9.1km), 오류리 등나무(26km), 양남 주상절리군(63km) 등이 있다.

036

구미 농소리

은행나무

소재지 경상북도 구미시 옥성면 이곡1길 10 (농소리)
천연기념물 지정일자 1970년 6월 3일
지정당시 추정수령 400년

은행나무 열매는 악취와 독성으로 인해 동물들이 꺼려하며 먹지 않는다. 그러니 은행나무 열매를 이용하며 적극적으로 은행나무를 심는 건 우리 인간들뿐인 것 같다. 구미의 농소리 마을에 가면 나무 꼭대기에 새집이 있어 정겨움이 더한 천연기념물

은행나무를 만날 수 있다. 열매가 많이 달려 냄새가 심함에도 불구하고 새들이 둥지를 튼 것은 아마도 가장 전망이 좋은 마을 한가운데에 있는 거목이기 때문일 것 같다.

이 은행나무는 나무높이가 21.6m, 가슴높이 둘레는 12m이고, 수관 폭은 15m 이상 된다. 원줄기가 3m 높이에서 세 개로 갈라져 비슷한 높이로 자랐

다. 서쪽 가지는 밑에서 자란 가지와 합쳐져 자랐는데 뿌리 근처에서 맹아들이 많아 마치 숲처럼 보인다. 이 은행나무의 유래는 알려진 바 없지만 마을 주민들은 마을 수호신으로 여겨 매년 10월에 제를 지내고 있다.

찾아가기 > 서산영덕고속도로(상주–영덕) 동상주요금소(9.6km), 상주영천고속도로 도계요금소(13km), 중부내륙고속도로 선산요금소(12km)나 상주요금소(19km)와 가까운 거리에 있어 접근성이 좋다. 구미의 자연유산으로 명승 채미정(34km)이 있고, 천연기념물로 독동리 반송(13km)도 있다.

037

금릉 조룡리

은행나무

소재지 경상북도 김천시 대덕면 조룡리 51외 2필
천연기념물 지정일자 1982년 11월 9일
지정당시 추정수령 440년

　김천시 대덕면 조룡리 섬계서원은 조선시대 때 박팽년과 함께 단종 복위
에 관여했다 순절한 충의공 백촌 김문기를 기려 조선 후기에 건립한 서원이
다. 지금도 해마다 그를 추모하기 위해 제사를 지내고 있다. 섬계란 이 마
을의 옛이름으로 현재는 조룡리가 되었다. 이 섬계서원의 뒤뜰 담장 왼쪽에
은행나무 노거수 한 그루가 자리해 있다. 나무의 추정수령이 440년으로 김
문기가 죽은 이후에 심은 것으로 전해진다.

　이 금릉 조룡리 은행나무는 나무높이가 24.8m이고, 가슴높이 둘레가
12.9m이다. 남북 방향 수관 폭이 22m로 동서 방향보다 5~6m 정도 더 넓
다. 서원 담장 안쪽에 위치해 있으며 줄기와 가지에는 길게 자란 유주가 여
러 개 있고 큰 가지가 줄기에 붙어 멀리서 보면 연리지 같아 보인다.

찾아가기 ▶　경부고속도로 김천요금소에서 31km, 동김천요금소에서 35km 거리에 있어 35분 이
내에 도착할 수 있다. 광주대구고속도로를 이용하면 거창요금소에서 39km 거리에 있다. 탐방할
만한 김천의 문화유산으로 국보를 포함하여 많은 보물이 소장된 직지사(28km)가 있다.

038

문경 장수 황씨 종택

탱자나무

소재지 경상북도 문경시 금천로 671(산북면)
천연기념물 지정일자 2019년 12월 27일
지정당시 추정수령 400년

　우리나라에 있는 탱자나무 중 현재 천연기념물로 지정된 것은 강화 갑곶리와 사기리 탱자나무, 문경 장수 황씨 종택 탱자나무 그리고 2024년 10월 31일자로 지정된 부여 석성동헌 탱자나무까지 총 4건이다. 주로 탱자나무는 강화 갑곶리 탱자나무와 사기리 탱자나무처럼 외부의 침입을 차단할 목적으로 건물 주변 울타리용으로 많이 심었다. 부여 석성동헌 탱자나무도 그 용도는 비슷하지만 정반대로 사람을 가두고 탱자나무 울타리를 만들어 달아나지 못하게 하는 형벌용으로 심어졌다는 점이 무척 흥미롭다. 한편 이들

의 쓰임새와는 다르게 문경 장수 황씨 종택 탱자나무는 문경 장수 황씨가 종택을 지을 당시 뜰 앞에 심었던 것으로 순수하게 약용 및 정원수로 심어진 것으로 보인다. 동서로 두 그루가 있는데 동쪽 그루는 세 개, 서쪽 그루는 네 개의 큰 가지가 분지해 있고 두 그루가 서로 얽혀 있어 전체적으로 보면 마치 한 그루인 것처럼 반원형을 띤 모습이다. 나무높이는 6m로 강화 탱자나무들보다 크다. 이 탱자나무는 장수 황씨 종택 후손들의 보호 덕분에 나무높이, 수관 폭, 수령 등 규격면에서 희귀성이 매우 높고 고유의 수형을 잘 유지하고 있다.

찾아가기 ▶ 중부내륙고속도로 점촌함창요금소에서 17km, 북상주요금소에서 21km 거리에 있어 25분 내로 도착할 수 있다. 문경의 자연유산으로 명승 문경토끼비리(21km)와 문경새재(33km)가 있다. 토끼비리는 토끼가 다니면서 열어준 벼랑에 형성된 길이라는 의미. 자연유산 천연기념물로는 문경 대하리 소나무(5.5km)와 화산리 반송(39km)이 있다.

039

문경 화산리

반송

소재지 경상북도 문경시 농암면 화산리 942외 3필
천연기념물 지정일자 1982년 11월 9일
지정당시 추정수령 200년

　문경 화산리는 사방이 산으로 둘러져 있고 실개천이 흐르는 우리나라의 전형적인 산골 마을 풍경을 간직한 곳이다. 이 마을에서 보이는 고만고만한 산봉우리 중 유독 두드러지게 눈에 띄는 봉우리 하나가 바로 시루봉이다. 시루봉(해발 878.7m)은 정상부가 온통 바위로 덮혀 있어 조망이 빼어나다. 시루봉으로 가는 길목의 등반 초입부에 천연기념물 반송이 자리해 있어, 반송도 보고 자연을 벗 삼아 산행을 하기에 더할 나위 없이 좋다.

　문경 화산리 반송은 나무높이가 21.9m이고, 근원부 둘레는 5.7m이다. 원래 밑동에서 여섯 개 줄기가 자라 나와 한때 육송이라고 불려지기도 했지만 현재는 한 개는 고사하고 또 다른 하나는 쇠약하여 제거되어 네 개의 줄기만 남아 있다. 반송임에도 높은 키를 자랑하는 것은 네 개의 줄기가 모두 곧게 자랐기 때문이다. 수관 폭은 23m인데 곁가지들이 한쪽으로 발달해 전체적인 수형은 치우친 삼각형 모양을 하고 있다. 이 나무를 해하면 천벌을 받는다는 전설도 있으니 눈과 마음만으로 느끼고 좋은 기운을 많이 받아 오길 바란다.

찾아가기 ▶ 중부내륙고속도로의 문경새재요금소, 점촌함창요금소, 북상주요금소와 서산영덕고속도로 화서요금소에서 25km 내외의 거리에 있어 30분 정도면 도착할 수 있다. 함께 탐방할 만한 문경의 문화유산으로 국보 외에도 많은 보물을 소장하고 있는 봉암사(22km)가 있고, 자연유산으로 명승 문경새재(30km)와 천연기념물 대하리 소나무(39km)와 장수 황씨 종택 탱자나무(39km)도 있다.

상주 상현리

반송

소재지 경상북도 상주시 화서면 상현리 50-1번지 2필
천연기념물 지정일자 1982년 11월 9일
지정당시 추정수령 500년

　반송은 소나무의 한 품종으로 나무 생김새가 쟁반 같다 하여 붙여진 이름이다. 그 중에 특별히 상주 상현리 반송은 반송인데도 전체 수형이 단정한 삼각형 모양으로 탑같이 보인다고 해서 '탑송'이라고도 부르는데 마을 경작지 한가운데에 있어 차를 타고 가다 보면 멀리서도 눈에 잘 띈다.

　이 반송은 나무높이가 15m이고, 가슴높이 둘레는 2~5m이다. 동서 방향의 수관 폭이 넓어 27m에 이른다. 밑동에서부터 두 개의 큰 줄기로 갈라지고 다시 각각 두 개와 세 개로 갈라져 총 다섯 개의 줄기가 수관을 형성하고 있다. 줄기 찢어짐을 예방하기 위해 줄당김을 설치해 관리하고 있는데 설치된 줄당김이 미간을 찌푸릴 정도로 과다해 아쉬운 감이 없잖아 있다. 예로부터 마을 주민들은 이 나무에 승천하지 못한 천년 묵은 이무기가 살고 있어, 가지를 자르는 것은 물론 떨어진 솔잎만 긁어 가도 천벌을 받는다고 믿을 정도로 신성시해 매년 정월 대보름에 당산제를 올리며 마을의 안녕과 풍년을 기원한다고 한다.

찾아가기 > 서산영덕고속도로(청주–상주) 화서요금소에서 1.7km 거리에 있어 5분 이내에 도착할 수 있다. 가까운 거리에 상주의 문화유산으로 옥동서원(22km)이 사적으로 지정되어 있고, 자연유산 천연기념물로는 두곡리 뽕나무(27km)와 운평리 구상화강암(32km) 등도 있다.

041

안동 대곡리

굴참나무

소재지 경상북도 안동시 임동면 대곡리 583외 2필
천연기념물 지정일자 1982년 11월 9일
지정당시 추정수령 500년

　굴참나무는 흔히 도토리나무라고 불리는데 가장 굵은 도토리가 열린다는 뜻을 담고 있다. 굴참나무는 쓰임새가 많아 껍질은 코르크로, 열매는 묵을 만들 때 사용된다. 또한 표고 재배용 재료목으로도 제격이며, 좋은 숯 재료로도 알려져 있다. 굴참나무는 남향의 건조하고 돌이 많은 땅에서 잘 자라며, 특히 강원도와 경상도에 많이 분포한다. 안동 대곡리 마을 입구에 있는 추정수령 500년의 굴참나무는 그 크기도 크기지만 천연기념물 중에 그 모양이 가장 잘 발달되어 있는 나무로 높은 평가를 받고 있다.

　이 나무는 나무높이가 22.5m이고, 가슴높이 둘레는 5.4m이다. 껍질의 두툼함이 대단하고 수관 폭은 27m 내외로 넓으며 펼쳐진 모양이 매우 수려하다.

　안동 김씨가 이 마을에 정착할 때 심었다고 전해지나 산비탈 급경사에 있어 자연 발생일 가능성도 엿보인다. 비탈면 위쪽 주차 공간에서 나무 아래로 이어지는 계단이 있어 나무 가까이 접근할 수 있다. 현재 이 나무는 마을의 상징으로 농사일을 마치는 7월 중 좋은 날을 택해 농로를 정비하고 풀을 베는 풋굿을 한 후 마을의 안녕을 위해 나무에 제를 올린다고 한다. 봄에 이 나무에서 소쩍새가 울면 풍년이 든다는 이야기도 전해진다.

찾아가기 ▶　서산영덕고속도로(상주–영덕) 동안동요금소에서 13km 거리에 있어 15분 이내에 도착할 수 있다. 안동의 문화유산으로 유네스코 세계유산으로 등재된 한국 서원의 대표격이라 할 수 있는 사적 도산서원과 병산서원이 있지만 다소 거리가 먼 편이다. 안동의 자연유산으로 천연기념물 용계리 은행나무(29km), 사신리 느티나무(34km), 주하리 뚝향나무(34km) 등이 있다.

안동 대곡리 굴참나무

042

안동 사신리

느티나무

소재지 경상북도 안동시 녹전면 사신리 257-6외 1필
천연기념물 지정일자 1982년 11월 9일
지정당시 추정수령 600년

　노거수가 있는 마을이라면 나무의 유래 한두 가지쯤은 있을 법한데 안동 사신리 느티나무는 특이하게도 그런 전설이 없다. 다만 나무 밑동에 둘러져 있는 금줄에서도 알 수 있듯 마을 주민들은 이 나무를 마을 수호신으로 여기며 새해에 마을의 안녕과 풍년을 기원하는 당산제를 지내오고 있다.

　안동 사신리 느티나무는 나무높이 29.7m, 가슴높이 둘레 10.1m로 남북 방향의 수관 폭이 29m이고 동서 방향은 이보다 5m 정도 폭이 좁다. 원줄기가 약 2m 높이에서 큰 가지 둘로 갈라져 자랐는데 줄기의 골이 깊어 여러 나무를 합쳐 놓은 것처럼 보인다. 큰 가지들의 찢어짐을 방지하기 위해 관통형 줄당김이 설치되어 있고, 수관 끝쪽 아래로는 보호용 철재 울타리가 둘러져 있다. 방문해 보면 알겠지만 노거수로서 수세가 양호하고 특별한 피해 흔적이 없으며 규모와 수형에 있어서도 흠잡을 데 없이 깔끔한 느낌을 주는 느티나무다.

찾아가기 ▶　중앙고속도로 서안동요금소에서 32km 거리에 있어 도착하려면 35분 정도 걸린다. 안동의 세계문화유산으로 사적 도산서원(37km)이 유명하고, 한국국학진흥원(7.2km)에 있는 징비록, 봉정사의 극락전과 대웅전(19km), 법흥사지의 칠층석탑(19km), 안동시립민속박물관(19km)에 소장된 하회탈 및 병산탈은 국보로 지정되어 있어 관심이 있다면 탐방 목록에 추가해 보길 바란다. 안동의 자연유산 천연기념물로 주하리 뚝향나무(11km), 구리 측백나무 숲(31km), 하회마을 만송정 숲(47km) 등이 있다.

043

안동 송사동

소태나무

소재지 경상북도 안동시 송사시장길 104
　　　(길안면, 길안초등학교 길송분교)
천연기념물 지정일자 1966년 1월 13일
지정당시 추정수령 400년

소태나무는 낙엽성으로 우리나라 산 어디에서든 흔하게 자라는 비교적 키가 작은 나무에 속한다. 흔히 입맛이 쓸 때 '소태처럼 쓰다'라고 표현하는데 이 나무에서 유래되었다고 한다. 나무껍질 속에 들어 있는 콰시인(quassin)이 쓴맛을 내는 성분으로 예로부터 소화불량, 위장염 등의 치료 약재로 많이 사용되었으며 최근에는 항산화제나 항암제 개발을 위한 신소재로 사용된다고 한다.

송사동의 소태나무는 나무높이가 14.6m이고, 근원부 둘레가 4.7m로 우리나라에서 가장 크고 오래된 소태나무로 알려져 있다. 이 소태나무는 길안초등학교 길송분교 내에 있는 크고 오래된 회화나무 네 그루, 팽나무 한 그루와 어울려 작은 숲을 이루고 있는데 숲 전체 가장자리를 따라서 철재 울타리가 둘러져 있다. 소태나무 옆에 서낭당이 있는 것으로 보아 당숲으로

보호되어 왔음을 짐작할 수 있다. 소태나무 줄기에 금줄을 둘러 마을의 수호신이라 믿고 매년 음력 1월 15일마다 마을의 안녕과 풍년을 기원하는 제를 올린다고 한다.

찾아가기 ▶ 서산영덕고속도로(상주-영덕) 동안동요금소에서 13km 거리에 있어 15분 이내에 도착할 수 있다. 함께 방문할 만한 안동의 자연유산으로 명승 만휴정 원림(8km)과 천연기념물 용계리 은행나무(23km)와 하회마을 만송정 숲(62km)이 있다.

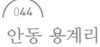
은행나무

소재지 경상북도 안동시 길안면 용계리 744외 8필
천연기념물 지정일자 1966년 1월 13일
지정당시 추정수령 700년

　안동 용계리 은행나무는 우리나라에서 줄기가 가장 굵은 은행나무로 알려져 있다. 1985년 임하댐 건설로 수몰 위기에 처하자 주민은 물론 전문가와 관계기관, 심지어 대통령까지 나서서 이 은행나무를 살릴 방법을 강구하였는데 이때 등장한 것이 H빔 공법이다. 이 공법으로 나무를 15m 높이로 상식(上植)하였는데 공사가 1990~1994년까지 4년에 걸쳐 진행되었으며 규모와 방식면에서 세계적으로 그 유례를 찾아볼 수 없는 사례로, 2013년 기네스북에도 등재되었다. 필자도 상식 후 15년에 걸쳐 나무보호 관리에 참여해 수세 회복에 매진한 경험이 있어, 특별히 더 애정이 가는 나무이기도 하다. 2024년에 국가유산청과 안동시 주관으로 상식 30주년 행사가 치뤄지기도 했다.

　이 은행나무는 나무높이가 31m이고, 가슴높이 둘레가 13.7m이며, 수관폭은 27m 내외이다. 활착을 위해 설치한 거대한 철재빔이 뿌리 주위를 보호하고 있다. 조선 임진왜란 이후에 훈련대장 탁순창이 낙향하여 지인들과 은행나무계를 만들어 이 나무를 보호하고 상호 간의 친목을 도모했다고 전해지며, 탁씨 후손들은 해마다 이 나무에 제를 올린다고 한다. 이처럼 자연유산에 대한 수대에 걸친 우리 선조들의 관심과 사랑으로 위기의 순간을 극복하여 현재의 은행나무를 볼 수 있었다고 생각하니 마음이 절로 숙연해진다. 이곳은 주변 경관이 매우 뛰어날 뿐만 아니라 문화재 보호 관리의 산교육장으로서 자연과 나무를 사랑하는 사람이라면 한 번쯤은 방문해 볼 것을 권장한다.

찾아가기 ▶ 　서산영덕고속도로(상주-영덕) 동안동요금소에서 12km 거리에 있어 15분 이내에 도착할 수 있다. 가까운 거리에 있는 안동의 자연유산으로 명승 백운정 및 개호승 숲 일원(21km)과 천연기념물 송사동 소태나무(23km), 대곡리 굴참나무(29km), 하회마을 만송정 숲(59km) 등이 있다.

안동 용계리 은행나무

045

영양 답곡리

만지송

소재지 경상북도 영양군 석보면 답곡리 산159
천연기념물 지정일자 1998년 12월 23일
지정당시 추정수령 400년

영양 답곡리에 가면 만지송이라는 소나무를 만날 수 있다. 마을 뒷산 경사지에 자리 잡고 있어 이 소나무를 보기 위해서는 다리품을 조금 팔아야 한다. 만지송은 소나무의 한 품종인 반송으로 나뭇가지가 많다고 하여 붙여진 이름이다. 또한 옛날 어떤 장수가 전쟁에 나가기 전에 이 나무를 심으면서 자기의 생사를 점쳤다 하여 '장수나무'라고도 불린다. 마을 주민들은 이 만지송을 마을 수호목으로 여겨 정성껏 보살펴 왔는데 아들을 낳지 못하는 여인이 치성을 들여 아들을 얻게 되었다는 이야기도 전해진다.

만지송은 답곡리 마을 뒷산에 위치해 있음에도 주변 수목을 잘 정리해 서인지 멀리서도 쉽게 눈에 띈다. 나무높이가 12m이고, 근원부 둘레는 4m이며 수관 폭은 18m 내외이다. 원줄기 50cm 부위에서 네 개의 줄기로 갈라져 자라면서 구불구불 서로 엉키듯 수많은 가지가 뻗어 있고 가지 끝은 땅을 향해 있다. 전체 수형은 우산을 펼친 듯한 균형 있는 반구형으로 전형적인 반송의 특징을 보인다.

찾아가기 ▶ 서산영덕고속도로(상주-영덕) 동청송·영양요금소에서 6.9km 거리에 있어 10분 정도면 도착할 수 있다. 영양의 자연유산으로 주사골 시무나무와 비술나무 숲(4.2km), 무창리 산돌배(20km), 감천리 측백나무 숲(26km), 송하리 졸참나무와 당숲(34km)이 천연기념물로 지정되어 있다.

046

영풍 단촌리

느티나무

소재지 경상북도 영주시 안정면 단촌리 185-2번지 4필
천연기념물 지정일자 1982년 11월 9일
지정당시 추정수령 700년

일반적으로 느티나무 노거수에는 부패로 인한 큰 공동이 많이 발견되는데 이 경우 대체로 외과수술을 통해 그 생명을 연장한다. 외과수술은 부후균에 의해 생긴 부패 조직을 깨끗이 제거하고 살균, 살충, 방부, 방수 처리 등을 거쳐 공동을 충전물로 완전히 메꿈으로써 물이나 미생물의 침입을 차단해 더 이상 부후가 진전되지 않도록 하는 것이 목적이다. 하지만 최근에는 영풍 단촌리 느티나무처럼 메꿨던 충전물을 완전히 걷어 내고 커다란 공동을 자연 노출시킨 상태로 관리하는 경우가 점점 늘고 있어 유불리에 관한 의견이 분분하다.

이 느티나무는 마을 옆 경작지 가운데에 있어 멀리서도 눈에 잘 띈다. 나무높이가 16.4m이고, 가슴높이 둘레는 10.3m로 굵은 줄기가 보는 이로 하여금 감탄사를 불러일으킨다. 줄기의 굵기에 비해 가지나 나무 키는 작은 편인데 오히려 이 점이 굵은 원줄기를 두드러지게 보여 뭔가를 끌어당기는 듯한 강한 느낌을 준다. 원줄기에 발생한 공동은 지제부에 이르는데 들여다보면 그 깊이와 넓이에 놀라 느티나무의 생명력에 경이로움과 함께 왠지 모를 쓸쓸함까지 느껴진다. 최대 수관 폭은 25m 정도로 동서보다 남북 방향이 더 넓다. 2m 높이에서 원줄기가 크게 갈라져 자라 가슴높이보다 근원부 둘레가 약간 가늘고, 모양도 원형보다 직사각형에 가까워 보인다.

찾아가기 ▶ 중앙고속도로 풍기요금소에서 9.3km 거리에 있어 대략 10분 내외로 도착할 수 있다. 영주의 문화유산으로 국보(5개)가 있는 부석사(21km)가 있고, 소수서원(6.8km)은 사적으로 지정되어 있다. 자연유산 천연기념물로는 태장리 느티나무(2.7km)와 병산리 갈참나무(9.5km)도 있다.

047

영풍 병산리

갈참나무

소재지 경상북도 영주시 단산면 병산리 산338
천연기념물 지정일자 1982년 11월 09일
지정당시 추정수령 600년

간혹 참나무 줄기를 보면 전혀 다른 형태의 가지와 잎이 특정 부위에 나 있는 것을 볼 수 있는데 바로 참나무에 기생하는 겨우살이다. 겨우살이는 참나무뿐만 아니라 물오리나무, 밤나무, 팽나무 등에서도 볼 수 있으며 줄기와 잎이 한약 재료로 쓰인다. 천연기념물인 영풍 병산리 갈참나무에서도 기생하는 겨우살이가 발견되는데 영양분을 섭취하며 나무에 피해를 주기 때문에 보호수의 경우 반드시 제거해야 한다.

영풍 병산리 갈참나무는 추정수령이 600년으로 조선 세종 8년에 정사품 관직에 있던 봉례공 창원 황씨 황전이 심었다고 전해진다. 현재 마을 뒤쪽 언덕 위 넓은 공간에서 가지를 사방으로 고루 뻗쳐 아름다운 삼각형 수형을 형성하고 있다. 나무높이가 13.8m이고, 가슴높이 둘레는 3.4m이며, 수관 폭이 16m 조금 넘는다. 마을 주민들은 이 나무를 마을의 서낭나무로 여기며 매년 정월 보름에 마을의 안녕과 풍년을 기원하는 제사를 지극 정성으로 올린다고 한다. 제사를 소홀히 해 마을 젊은이 한 명이 화를 입은 적이 있다고 전해지기도 한다.

찾아가기 〉 중앙고속도로 풍기요금소에서 19km 거리에 있어 20분이면 도착할 수 있다. 가까운 거리에 영주의 문화유산으로 국보와 보물을 많이 소장한 부석사(13km)와 사적 소수서원(7.8km)이 있다. 소수서원은 유네스코 세계문화유산으로 등재되어 있는 한국의 서원 중 한 곳이다. 영주의 자연유산으로는 죽령 옛길(16km)이 명승으로 지정되어 있고, 천연기념물로 영풍 단촌리 느티나무(9.5km)와 영풍 태장리 느티나무(12km)도 있다. 영풍은 이곳의 옛 지명이다.

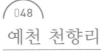
석송령

소재지 경상북도 예천군 감천면 천향리 804외 7필
천연기념물 지정일자 1982년 11월 9일
지정당시 추정수령 600년

　예천 천향리 석평 마을회관 앞뜰에 등기된 땅을 소유해 세금은 물론 지역 인재 양성을 위한 장학금까지 기탁하는 천연기념물 노거수가 있다. 1920년 대 말경에 자식이 없어 늘 걱정이던 이수목이라는 사람이 이 나무에게 석송 령이라는 이름을 지어 주고, 자신의 토지를 물려줘 등기까지 내 재산을 소 유하게 된 나무다. 그 이후 재산을 소유한 나무가 있다는 입소문을 타고 나 무를 보기 위해 탐방객들이 찾고 있다. 석송령은 석평 마을에 사는 영험이 깃든 소나무라는 뜻으로, 약 600년 전에 홍수로 마을 앞 석간천으로 떠내 려온 소나무를 한 나그네가 건져 심은 것이라고 전해진다.

　석송령의 나무높이는 11m이고, 가슴높이 둘레가 3.7m이다. 추정수령에 비해 큰 편은 아니지만 나무 밑동에서부터 여러 갈래로 갈라져 전체적인 수 관 발달이 매우 좋다. 수관이 우산 모양을 하고 있으며 폭은 남북보다 동서 방향이 6m 정도가 더 넓어 26m에 이른다. 수관이 크고 수평 방향으로 자 라 하중이 큰 가지를 다양한 재질의 지지대로 떠받치고 있다. 나무 자체가 낮고 수관 폭이 매우 넓기 때문에 석송령 안과 밖에서 보는 풍광이 완전 딴 세상이라 나무 안으로 들어서자마자 와~하는 탄성이 절로 나온다. 만약 나 무 아래에서 그 기운을 받고 싶다면 한시적으로 보호용 울타리를 개방하는 기간이 있다고 하니 그 시기에 맞춰 방문해 보길 추천한다.

찾아가기 > 중앙고속도로 예천요금소에서 12km, 영주요금소에서 14km, 풍기요금소에서 15km 거리에 있어 20분 이내에 도착할 수 있다. 예천의 자연유산으로 명승 초간정 원림(16km), 선몽대 일원(21km), 회룡포(31km) 등이 유명하다. 자연유산 천연기념물로는 금당실 송림(13km)과 금남리 황목근(34km)도 있다.

049

울진 행곡리

처진소나무

소재지 경상북도 울진군 근남면 행곡리 672
천연기념물 지정일자 1999년 4월 6일
지정당시 추정수령 300년

처진소나무는 가지들이 밑으로 처진 특이한 모양으로 인해 인기가 높은 반면 희귀한 소나무다. 그런 까닭에 울진 행곡리 마을 입구에 있는 처진소나무 한 그루는 그 가치가 매우 높다고 할 수 있다.

이 마을이 조성될 때 심었다고 전해지는 이 나무는 나무높이가 11m이고, 가슴높이 둘레는 3m이며, 수관 폭은 13.8m이다. 수관이 삿갓 모양으로 단정하며 늘어진 가지들이 연출한 수형이 매우 아름다워 많은 사람들이 찾고 있다. 마을 역사와 함께한 상징적 의미가 커서인지 주민들의 보호 관리에 사랑이 느껴질 정도로 주변이 깔끔하게 잘 정비되어 있다. 나무 옆에 돌담으로 둘러져 있는 효자각은 주명기라는 사람의 효심을 기리기 위해 세운 것이라고 하는데 처진소나무와는 어떤 특별한 관련성은 없어 보인다. 다만, 주명기는 어머니를 여위고 홀로 남은 전신불수 아버지를 온 정성을 다해 모시다가 돌아가시자 여막을 치고 묘를 지켰다고 전해지는 인물이다. 희귀한 처진소나무도 만나고 효의 정신도 일깨울 수 있어 가족과 함께 오면 좋을 것 같다.

찾아가기 ▶ 7번 국도 동해대로의 울진남부교차로에서 빠져나오면 4.2km 정도 거리에 있다. 울진의 자연유산으로 가까운 거리에 있는 불영사계곡 일원(3km)은 명승으로 지정되어 있고, 천연기념물로 수산리 굴참나무(3km), 성류굴(5.4km), 쌍전리 산돌배나무(35km) 등도 비교적 가까운 거리에 있다.

050

울진 화성리

향나무

소재지 경상북도 울진군 죽변면 산190번지 외 1필
천연기념물 지정일자 1982년 11월 9일
지정당시 추정수령 500년

　2022년 5월, 울진에서 축구장 크기 203배에 해당하는 면적을 태우고 23시간 만에 간신히 진화된 대형산불이 있었다. 당시 천연기념물 울진 화성리 향나무 30m 바로 앞까지 불길이 번져 모두가 마음을 조렸지만 천만다행으로 화재가 진화되어 위기를 면할 수 있었다. 매우 급박했을 상황에서도 이 나무를 화재로부터 지켜 낼 수 있었던 것은 당시에 하나로 의기투합한 마을 주민들의 힘이 컸다. 마을 주민들은 소방차가 진입할 수 있도록 주변과 도로를 정리해 길 터주기는 물론 나무 주변의 낙엽을 제거하는 등 인화성 물질을 모두 제거하여 산불이 더 이상 번지지 않도록 총력을 기울였다고 한다.

　이 향나무는 마을 뒤편 언덕 30m 위에 있는데 그 뒤쪽으로 나무들이 우거져 있고 한쪽 면에는 공터가 있다. 나무높이는 13.5m이고, 가슴높이 둘레가 4.5m이며, 수관 폭은 10m 이상이다. 신비감을 주는 다른 향나무와 달리 웅장한 느낌을 주는 것이 특징 중 하나다. 밑으로 처진 울퉁불퉁한 가지가 사방으로 고루 퍼져 있는 모습이 마치 잘 발달된 근육질의 남성을 보는 듯하다.

찾아가기 ▶ 　7번 국도 동해대로 죽변교차로에서 빠져나오면 봉화길을 따라 2.7km 거리에 있다. 주변의 자연유산으로 천연기념물 울진 후정리 향나무가 4.5km 거리에 있어 함께 탐방해 비교해 보면 나름 의미가 있을 것 같다.

051

울진 후정리
향나무

소재지 경상북도 울진군 죽변면 후정리 297-2
천연기념물 지정일자 1964년 1월 31일
지정당시 추정수령 500년

일반적으로 향나무는 한 나무에 끝이 뾰족한 침엽(바늘잎)과 끝이 둥근 인엽(비늘잎)이 동시에 달리는 특징이 있다. 만지면 따가운 침엽은 주로 나무 아래쪽 가지에서 나고, 부드러운 느낌의 인엽은 위쪽 가지에 달리므로 향나무를 감상할 때 침엽에 찔리지 않도록 조심해야 한다. 향나무는 나무 모양이 아름다울 뿐만 아니라 내한성이 강하고 공해와 건조에 강해 정원이나 경관용으로 많이 심겨진다.

울진 후정리 향나무는 읍내를 관통하는 도로변에 심겨져 있는데 경사지 아래쪽에 쌓은 석축 옹벽과 같은 위치에서 V자 형태로 크게 갈라져 마치 두 나무가 서로 붙어 있는 것처럼 보인다. 한 줄기는 곧게 자랐고 다른 줄기는 도로 쪽으로 비스듬히 누워 있다. 나무 전체 높이는 11m이고, 근원부 둘레가 2.8m, 수관 폭은 13m 내외이다.

우리나라 향나무는 울릉도에 많이 분포하는데 이 나무 역시 울릉도에서 파도에 떠밀려 이곳까지 왔다는 이야기가 전해진다. 실제 200m 정도 거리에 죽변항이 접해 있기도 하다. 마을 주민들은 이 나무를 신목으로 여겨 제를 올리며 마을과 뱃길의 무사안녕과 풍어를 기원한다고 하는데 당집이 수관 내에 위치해 있다.

찾아가기 ▶ 7번 국도 동해대로 죽변교차로를 빠져나오면 2km 거리에 있다. 가까운 거리에 자연유산 천연기념물로 수산리 굴참나무(12km), 행곡리 처진소나무(15km), 성류굴(15km) 등이 있다.

052

청도 대전리

은행나무

소재지 경상북도 청도군 이서면 대전리 638외 2필
천연기념물 지정일자 1982년 11월 9일
지정당시 추정수령 400년

　은행나무는 여름이면 넓고 짙은 녹음으로, 가을이면 아름다운 노란 단풍으로 우리에게 휴식과 위안을 주는 정자나무의 역할을 해준다. 하지만 열매의 악취로 도심 가로수 은행나무는 종종 민원거리가 되기도 하는데 처음부터 열매가 열리지 않는 수나무만을 심었다면 이런 불상사는 간단하게 해결할 수 있지 않았을까 하는 아쉬움이 든다. 실제 일부 도시는 암나무를 제거하고 수나무로 바꿔 심는 사업을 진행하기도 한다.

　청도 대전리 은행나무는 마을 가장자리에 있으면서도 무엇보다 수나무라서 열매의 악취 문제가 없어 천연기념물로서 주민의 사랑을 독차지하고 있다. 이 은행나무는 나무높이가 30.4m이고, 가슴높이 둘레는 8.8m이며, 수관 폭은 22~25m 정도 된다. 현재 수령은 400년으로 추정되지만 신라 말경에 행정구역 경계나무로 심었다는 전설에 따르면 추정수령은 1,300년이나 된다. 전해지는 이야기로 지금의 은행나무 자리는 우물이 있던 곳이었는데 한 도사가 물을 먹으려다 빠져 죽은 후 나무가 자랐다는 이야기와, 한 여인이 물을 마시려다 빠져 죽었는데 그 여인이 가지고 있던 은행에서 싹이 터 자랐다는 또 다른 이야기가 함께 전해진다. 마을 주민들은 나무에서 낙엽이 한꺼번에 떨어지면 다음해에 풍년이 든다고 믿었다고 한다.

찾아가기 ▶ 중앙고속도로(부산−대구) 청도요금소에서 16km 거리에 있어 20분 내로 도착할 수 있다. 청도의 자연유산 천연기념물로 각북면의 털왕버들(12km)과 적천사 은행나무(20km)가 가까운 거리에 있으므로 함께 탐방해도 좋을 것 같다.

청도 대전리 은행나무

053

청도 운문사

처진소나무

소재지 경상북도 청도군 운문면 신원리 1768-7
천연기념물 지정일자 1966년 8월 25일
지정당시 추정수령 400~500년

　호거산에 있는 청도 운문사는 천년 사찰로 신라 진흥왕 때 창건되었으며 깨끗하고 정갈한 느낌을 주는 비구니 사찰로도 유명하다. 이 운문사의 경내 만세루 옆에 국내 최대 규모의 처진소나무가 있다. 처진소나무는 가지가 밑으로 축 처진 모습을 하고 있는 소나무의 한 품종(*Pinus densiflora* for. *pendula*)으로 매우 희귀한 편에 속한다. 처진소나무의 특성은 학명에서도 유추할 수 있듯이 품종명, *pendula*는 왔다갔다 하는 추처럼 매달려 있다는 뜻을 담고 있다.

　운문사의 처진소나무는 우리나라에서 가장 오래된 처진소나무로 추정수령이 500년이다. 나무높이가 6m로 낮고, 가지가 옆으로 퍼져 우산을 펼쳐 놓은 듯하여 한때 반송으로 불리기도 했다. 하지만 수관의 중간부에서 뚜렷하게 처진 가지들이 있어 전형적인 처진소나무의 모습을 갖추고 있다. 2m 높이에서 줄기가 사방으로 고루 갈라져 자란 모습이 매우 인상적으로, 안정적이면서도 섬세한 우아함이 느껴진다. 수관 아래에는 수십 개의 지주가 늘어진 가지를 받쳐 보호하고 있다. 이 소나무의 유래로 한 고승이 시든 나뭇가지를 꺾꽂이하고 생명을 불어넣어 살렸다는 이야기가 전해지며 봄이면 이곳 스님들이 12말의 막걸리를 물에 타서 나무뿌리에 부어 주는 행사를 한다고 한다.

찾아가기 ▶ 경부고속도로 서울산요금소에서 28km 거리에 있어 35분이면 도착할 수 있다. 운문사 매표소부터 운문사에 이르는 우거진 소나무 숲길을 솔바람길이라고 하는데 꼭 걸어서 가보길 추천한다. 이 솔바람길은 차를 타고 가는 경우라도 창문을 열면 바람에 가득 실린 솔향기를 한껏 맡을 수 있다. 청도의 자연유산 천연기념물로 동산리 처진소나무(21km), 대전리 은행나무(52km), 적천사 은행나무(52km), 덕촌리 털왕버들(58km) 등이 있다.

054

청도 적천사

은행나무

소재지 경상북도 청도군 청도읍 월곡안길 28-293(원리)
천연기념물 지정일자 1998년 12월 23일
지정당시 추정수령 800년

적천사는 신라 문무왕 때(664
년) 원효대사가 수도를 하기 위해
만든 토굴이 오늘에 이르렀다고
전해지는 사찰이다. 적천사 앞에
있는 두 그루 은행나무 중 오른쪽
나무가 천연기념물이다. 고려 명종
때(1175) 보조국사 지눌이 적천사
를 재건하면서 짚고 다니던 지팡
이를 꽂아 둔 것이 은행나무로 자
랐다는 이야기가 전해진다.

이 은행나무는 나무높이가 25m
이고, 가슴높이 둘레가 8.7m이다.
지상 3m 위치에서 원줄기가 셋으
로 나뉘어 수관을 형성하고 있으
며 수관 폭은 대략 30m 내외다.
뿌리와 줄기에 맹아 발생이 많고,
유주가 많이 발달되어 있다. 유주
는 일종의 기근으로 대기습도가
높은 일본에서 많이 발견된다. 나
무 위치가 경사지에 있어 뿌리분
보호를 위해 석축과 보호 팬스가
설치되어 있고 처진 가지의 부러짐
을 방지하기 위해 지지대가 설치되
어 있다. 나무 왼쪽에는 또 다른
은행나무가 함께하고 있는데 천연기념물은 아니지만 어울림이 좋아 동일 수
준의 보호 관리를 받고 있다.

찾아가기 > 중앙고속도로(부산–대구) 청도요금소에서 9.8km 거리에 있어 20분 정도면 도착할
수 있다. 청도의 자연유산 천연기념물로 동산리 처진소나무(22km), 대전리 은행나무(23km), 덕촌
리 털왕버들(29km), 운문사 처진소나무(45km) 등이 있다.

청도 적천사 은행나무

055

청송 장전리

향나무

소재지 경상북도 청송군 안덕면 장전리 산18번지외 1필
천연기념물 지정일자 1982년 11월 9일
지정당시 추정수령 400년

향나무는 고아한 기품은 물론 청아한 향기로 수백 년의 삶을 지탱해 오고 있는 나무다. 향나무의 꽃말 역시 '영원한 향기'로 향은 옛부터 종교나 제례의식에서 많이 사용되었다. 최근에는 분향시 선향을 쓰지만 예전에는 향나무를 잘게 깎아서 쓰는 것이 일반적이었다. 향나무 향기는 많은 사람들에게 안정감을 주며 휴식과 치유의 효과를 준다고 알려져 있다. 필자의 어릴 적 고향집 뒤편에도 향나무 한 그루가 있었는데 가지 일부를 잘라 말려서 숯불 위에 올려 향을 피웠던 기억이 있다.

청송 장전리 향나무는 천연기념물 노거수답게 풍기는 향기가 강해 멀리서도 은은한 향을 맡을 수 있다. 이 향나무는 영양 남씨의 재실 옆 야산 자락에 위치해 있는데 후손들의 보살핌으로 한껏 날개를 편 자태가 아름답다. 나무의 키(7.4m)는 비록 작으나 밑동 줄기가 굵고(5.2m), 큰 솥뚜껑인 양 가지가 넓게 뻗어 있다. 수관이 동서보다 남북 방향으로 더 발달해 폭이 20m에 이른다.

이 향나무는 조선 때 종4품 부호군 벼슬을 하사 받은 남계조가 타계한 후 그 후손들이 이곳에 묘를 쓰고 심은 나무 중의 하나라고 한다. 남계조는 임진왜란 때 의병으로 나간 형을 대신하여 좀 더 안전하고 살기 좋은 이 마을로 노모를 모시고 와 지극정성으로 모셨는데 이후 그의 행실이 조정에 알려져 벼슬이 하사되었다고 전해진다.

찾아가기 ▶ 서산영덕고속도로 청송요금소와 동안동요금소에서 대략 30km 거리에 있어 30분 정도면 도착할 수 있다. 가까운 거리에 있는 청송의 자연유산으로 주왕산 주왕계곡 일원(24km)과 주산지 일원(28km)이 명승으로 지정되어 있다. 자연유산 천연기념물로 홍원리 개오동나무(15km), 관리 왕버들(28km), 신기리 느티나무(34km) 등이 있다.

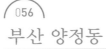

부산 양정동

배롱나무

소재지 부산광역시 부산진구 양정1동 산73-28
천연기념물 지정일자 1965년 4월 7일
지정당시 추정수령 800년

　배롱나무는 부처꽃과 화목류로 7~9월 뜨거운 여름에 분홍 또는 진분홍 계통의 꽃이 핀다. 품종에 따라 흰 꽃이 피기도 하지만 드물다. 배롱나무는 꽃이 피어 있는 기간이 길어 백일홍이라고도 부른다. 일년초 백일홍과 구별하기 위해 목백일홍 또는 백일홍나무라 부르기도 한다. 주로 사찰, 사당, 고택에 많으며 옛부터 부귀영화를 가져 오는 나무라 하여 정원수로도 많이 심었다. 추위에 약해 주로 남부지방에서 많이 볼 수 있다.

　부산 양정동 배롱나무는 노거수로 유일하게 천연기념물로 지정된 배롱나무다. 이 나무는 화지공원의 정묘사(동래 정씨 사당) 옆에 자리해 있는데 약 800년 전에 동래 정씨 후손들이 조상을 기리고 자손들의 부귀영화를 기원하는 뜻으로 시조묘 앞쪽 좌우에 한 그루씩 심었다고 한다. 이후 원줄기는 죽고, 뿌리의 맹아가 각각 독립된 개체로 자라 오늘에 이르렀다고 전해진다. 분홍 꽃이 피며 나무높이는 6~7m이고, 가슴높이 둘레는 60~90cm이다. 주변 정비가 잘 되어 있고 출입이 제한되어 있어 보호 관리가 잘 되어 있는 편이다. 화지공원에 있는 동래 정씨의 시조 묘자리가 조선 8대 명당 중 한 곳이라고 하니 산세도 살펴보고 배롱나무도 구경할 겸 방문해 보길 바란다.

찾아가기 ▶ 정묘사 버스 정류장이나 화지공원 주차장에서 산책로를 따라 300m 정도 완만한 경사지를 올라가면 만날 수 있다. 가까운 거리에 부산의 자연유산으로 명승 오륙도(15km)와 영도 태종대(20km)가 있고, 천연기념물로는 전포동 구상반려암(2.4km), 좌수영성지 푸조나무(5.3km)와 곰솔(5.6km), 범어사 등나무 군락(15km), 낙동강 철새 도래지(21km) 등이 있다.

부산 양정동 배롱나무

부산 좌수영성지

푸조나무

소재지 부산광역시 수영구 수영동 271외 4필
천연기념물 지정일자 1982년 11월 9일
지정당시 추정수령 500년

조선시대 때 경상남도 수군의 지휘 본부가 주둔했던 좌수영성지는 부산 수영구 수영동 일대에 위치해 있다. 동남해안을 관할했던 이곳은 현재는 수영 사적공원에 포함돼 역사 교육의 장이자 주민 휴식처로 활용되고 있다.

이 수영공원 남쪽 출입구 근처 비탈길 옆에 추정수령이 500년 되는 푸조나무 한 그루가 서 있다. 위엄을 갖춘 웅장함에 보는 이로 하여금 탄성을 연발하게 하는 이 나무는 당시에 좌수영에 주둔하던 군사들이 신성한 나무로 여겨 자신들의 무사안녕을 기원했다고 한다. 나무의 유래에 대해 전해지는 것은 없지만 나무에 놀던 아이들이 떨어져도 다치는 일이 없었다고 하여 이 마을 주민들은 특별히 신목으로 여겼다고 한다.

나무높이는 15m이고, 가슴높이 둘레가 6.3m이며, 수관 폭은 대략 15m 정도 된다. 원줄기가 지면 가까이에서 분지하여 마치 두 그루의 나무가 연리가 된 것처럼 보인다. 안전 보호 시설물로 지지대와 보호 울타리가 설치되어 있다.

찾아가기 ▶ 부산 2호선 수영역과 3호선 망미역에서 걸어서 10분 거리에 있다. 광안리 해수욕장(2.8km), 해운대 해수욕장(5.9km), 동백섬(5.9km), 이기대공원(11km)과도 가까워 여행 중에 한 번쯤 방문하면 좋을 것 같다. 자연유산 천연기념물로 곰솔이 푸조나무로부터 약 200m 떨어진 좌수영성지 내에 있어 함께할 수 있다.

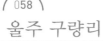

울주 구량리

은행나무

소재지 울산광역시 울주군 두서면 구량리 860
천연기념물 지정일자 1962년 12월 7일
지정당시 추정수령 550년

　은행은 겉모양이 살구 같고 과육에 해당하는 겉껍질을 제거하면 은백색의 종자가 있어 붙여진 이름이다. 가을이 깊어갈 즈음이면 황금빛 단풍과 함께 노랗게 익은 은행이 우수수 떨어지는데 이때 은행이 밟히고 터지면서 나는 냄새는 참으로 고약하다. 과육 속 빌로볼(*bilobol*)과 은행산(*ginkgolic acid*)이 냄새의 원인이다. 은행은 고약한 냄새에도 불구하고 고급 식재료와 약재로 인기가 좋고, 나무는 아름다운 단풍을 보여 주니 미워할 수도 없는 존재다. 하지만 이런 걱정이 필요 없는, 냄새 없는 은행나무가 있으니 바로 우리나라 노거수 중 몇 안 되는 수나무인 울주 구량리 은행나무다. 이 은행나무는 약 500년 전, 이지대라는 사람이 판윤직을 그만두고 낙향할 때 가져와 집 연못가에 심은 것이라고 전해진다.

　지금은 구량리 중리마을 논밭 사이에 있으며 나무높이가 22m이고, 가슴 높이 둘레는 8.4m이다. 2003년 태풍 매미의 피해로 한쪽 큰 줄기가 부러지는 등 수관의 1/3 정도가 훼손되어 불가피하게 거대한 지지대를 설치하게 되었다. 이 지지대는 필자가 직접 설치했는데 다소 거대해 보임에도 불구하고 오히려 오랜 세월의 상처를 딛고 위풍당당한 노거수의 위엄을 보는 듯해 가슴이 뭉클해 온다.

찾아가기 ▶ 경부고속도로 서울산(삼남)요금소에서 8.8km, 활천요금소에서 14km 거리에 있어 15분 내외로 도착할 수 있다. 울주의 자연유산으로 명승 울주 반구천 일원(4.8km)이 가까이 있는데 구불구불하며 좁고 깊은 곡류가 자아내는 풍경이 수려하다. 고려 정몽주가 유배 당시 풍류를 즐기던 곳이라고 한다. 울주 대곡리에 가면 문화유산으로 국보 반구대 암각화를 볼 수 있다. 울주의 자연유산으로 가지산 철쭉나무 군락(5km)과 목도 상록수림(40km)도 천연기념물로 지정되어 있다. 가지산은 유럽의 알프스와 견줄 만해 영남의 알프스로 불리는 산악군의 중심지로 시간을 내서 산행할 가치가 충분할 만큼 경관이 수려한 곳이다.

울주 구량리 은행나무

059

강진 사당리

푸조나무

소재지 전라남도 강진군 대구면 사당리 51-1
천연기념물 지정일자 1962년 12월 7일
지정당시 추정수령 300년

푸조나무는 느티나무, 팽나무와 함께 느릅나무과에 속한다. 우리나라 자생 나무로서, 팽나무와 함께 해안가 방풍림을 구성하는 대표 수종이다. 줄기가 곧고 수관은 느티나무나 팽나무처럼 우산 모양으로 넓게 퍼지며, 열매는 달아서 먹기도 한다. 추위에 취약해 중부지방보다 따뜻한 남부지방에서 더 잘 자란다. 생김새가 팽나무와 비슷해 개팽나무로 불리기도 하는데 팽나무에 비해 엽맥이 잎 가장자리 끝까지 닿는 것이 특징이다. 강진 사당리 푸조나무도 천연기념물 지정 당시 개팽나무로 불리던 것을 1973년에 정식 명칭인 푸조나무로 변경되었다.

강진 사당리 푸조나무는 나무높이가 16m이고, 근원부 둘레는 8.2m이다. 수관 폭은 대략 26m 정도 된다. 가슴높이 부위에서 원줄기가 죽어 있는데 300년 전 폭풍에 의해 고사한 것으로 전해지며 대신에 줄기 여섯 개가 거의 비슷한 굵기로 발달하여 수관을 형성하였다. 가지들의 수세가 좋고 아래 가지들은 땅에 닿을 듯해 모습이 웅장하고 아름답다. 옛날에 한 나무꾼이 가지를 잘랐다가 급사했다는 이야기가 전해지며 마을 주민들은 오랫동안 이 나무를 신목으로 여겨 보호해 오고 있다.

찾아가기 ▶ 남해고속도로 강진 무위사요금소에서 28km 거리에 있어 25분이면 도착할 수 있다. 이곳에서 도보로 5분 거리에 대구면 고려청자요지 등과 박물관이 있어 함께 가면 좋다. 강진의 자연유산 천연기념물로 백련사 동백나무 숲(25km), 삼인리 비자나무(29km), 성동리 은행나무(29km), 까막섬 상록수림(먼거리 조망)도 있다. 강진의 국가민속문화유산으로 현대문학사에 큰 자취를 남긴 시인 김윤식의 영랑생가(19km)가 있다.

060

강진 삼인리

비자나무

소재지 전라남도 강진군 병영면 동삼인길 28-10(삼인리)
천연기념물 지정일자 1962년 12월 7일
지정당시 추정수령 500년

바둑을 좋아하는 사람들이 최고로 치는 바둑판이 비자나무로 만든 바둑판이라고 한다. 오랜 세월에 걸쳐 천천히 자라며 쌓인 조직의 치밀함에서 오는 비자나무 특유의 유연성과 탄력성이 있으며 바둑판이 황금빛이고 은은한 향기가 나며 바둑알을 놓을 때면 상쾌한 종소리가 들린다고 한다. 어쩌다 바둑판이 갈라져도 스스로 균열을 메꾸는데 그때 생긴 무늬가 또한 예술이라고 한다.

이런 쓸모에도 불구하고 천만다행으로 강진 삼인리 비자나무는 마을 주민들의 보호 아래 500년을 버티고 있다. 그 이유가 천연 구충제인 열매 덕분이었는지 아니면 천천히 자라는 나무 특성으로 당시에는 쓰임이 없어서였는지 사뭇 궁금하다. 실제 이 비자나무는 가슴높이 둘레가 5.2m인 반면 나무높이는 10m로 작은 편이다. 원줄기가 1.5m 부근에서 커다란 가지 넷으로 갈라져 수관을 형성하였는데 폭이 15m 정도로 그 키가 나무보다 커 전체적으로는 삼각형 모양을 이루고 있다. 주민들은 마을 뒤편 경사지에 있는 이 나무를 마을의 수호신으로 여겨 매년 대보름날마다 나무 아래에 모여 마을의 평안을 기원한다고 한다.

찾아가기 ▶ 남해고속도로 강진무위사요금소에서 12km, 장흥요금소에서 15km 거리에 있어 20분 이내에 도착할 수 있다. 가까운 거리에 강진의 문화유산으로 사적 전라병영성지(1.1km)가 있고, 자연유산으로 명승 강진 백운동 원림(16km)과 천연기념물 성동리 은행나무(1.6km)와 백련사 동백나무 숲(22km)도 있다.

061

강진 성동리

은행나무

소재지 전라남도 강진군 병영면 성동리 70
천연기념물 지정일자 1997년 12월 30일
지정당시 추정수령 800년

강진 성동리는 우리에게는 《하멜표류기》로 알려진 하멜과 인연이 있는 곳이다. 하멜은 1653년 네덜란드 상선의 선원으로 제주도에 표류되었다가 훗날 본국으로 돌아가 《하멜표류기》를 발표해 최초로 우리나라를 유럽에 소개한 인물이다. 그는 이곳 강진면에서 7년을 머물렀는데 이 책 속에서 한 은행나무를 보았다는 기록이 등장한다. 현 강진 성동리에 있는 은행나무의 추정수령(800년)을 감안할 때 하멜이 보았다는 은행나무와 같을 가능성도 있어 보인다.

이 은행나무는 나무높이가 32m이고, 가슴높이 둘레는 7.2m이며, 수관 폭은 대략 25m에 이른다. 전해지는 이야기에 따르면 옛날 이 고을의 병마절도사가 폭풍으로 부러진 은행나무 가지를 목침으로 사용했다가 병이 들었는데 백약이 무효했다고 한다. 그러던 어느 날 나무에 제사를 지내고 목침을 붙여 주면 병이 씻은 듯이 나을 것이라는 한 노인의 말을 따랐더니 실제로 병이 나았다고 한다. 이후 마을 주민들은 매년 음력 2월 15일 자정이 되면 이 나무에 모여 마을의 평안과 풍년을 기원하는 제사를 지냈다고 한다. 현재 이 은행나무는 마을의 정자나무로 이용되는데 마침 은행나무 아래에는 편평한 큰 바위가 있어 주민 휴식 공간으로 활용되고 있다.

찾아가기 ▶ 남해고속도로 강진무위사요금소에서 12km, 장흥요금소에서 16km 거리에 있어 20분이면 도착할 수 있다. 약 450m 거리에 전라병영성 하멜기념관이 있으므로 함께 방문한다면 하멜이 은행나무를 본 발자취를 추정해 볼 수도 있을 것 같다.

올벗나무

소재지 전라남도 구례군 마산면 황전리 20-1
천연기념물 지정일자 1962년 12월 7일
지정당시 추정수령 300년

왕벚나무는 주로 가로수와 정원수로 심겨지며 산벚나무, 벚나무, 올벚나무 등은 전국 산지에서 자생한다. 이들은 서로 비슷하지만 꽃의 특징으로 어렵지 않게 구분할 수 있다. 그중 벚나무와 산벚나무는 매우 비슷한데 꽃송이에서 꽃대 축이 없거나 아주 짧으면 산벚나무일 확률이 높다. 왕벚나무와 올벚나무는 꽃자루와 암술대에 털이 있는데 올벚나무는 암술을 감싸는 화통이 항아리 모양이다. 올벚나무는 잎보다 꽃이 먼저 피고, 다른 벚나무보다도 일찍 꽃이 핀다고 하여 붙여진 이름이다.

구례 화엄사에 있는 천연기념물 올벚나무는 병자호란 이후 인조의 뜻에 따라 당시 벽암스님이 활 재료용으로 사찰 주변에 심은 것이라고 전해진다. 벚나무는 불가에서 세상의 번뇌를 벗어나 피안의 세계로 이끄는 나무라는 의미로 '피안앵'이라 소개되기도 한다. 화엄사 올벚나무는 밑동에서부터 두 줄기로 자랐는데, 각각의 가슴높이 둘레가 2.4m와 1.1m이고, 나무 전체 높이는 12m로 현재 우리나라에서 가장 오래된 올벚나무로 알려져 있다. 하지만 이 나무가 지장암 뒤편 산 능선 끝자락에 생육하고 있어 화엄사를 방문하는 대부분의 탐방객들이 그냥 지나치는 경우가 많다.

찾아가기 ▶ 순천완주고속도로 구례화엄사요금소에서 13km, 황전요금소에서 17km 거리에 있어 20분이면 도착할 수 있다. 구례의 문화유산으로 화엄사가 사적으로 지정되어 있고, 자연유산으로 천연기념물 화엄사 화엄매와 명승 화엄사 일원과 오산 사성암 일원(15km)이 있다. 사성암은 해발고도 531m 높이에 있는데 이곳에서 내려다보는 구례의 전경은 아름답기로 유명하다.

063

담양 대치리

느티나무

소재지 전라남도 담양군 대전면 대치리 787-1
천연기념물 지정일자 1982년 11월 9일
지정당시 추정수령 600년

　태조 이성계는 왕위 등극 이전에 전국 명산을 찾아다니며 기도를 드렸다
고 한다. 그래서 지금까지도 우리나라 지역마다 이성계와 관련된 이야기들
이 많이 전해진다. 담양 대처리 역시 그런 곳 중의 하나로, 이곳에 이성계가
직접 심었다는 느티나무 한 그루가 있다.

　한재초등학교 운동장에 자리한 이 느티나무의 나무높이는 25m이고, 가
슴높이 둘레가 8.5m이다. 원줄기 4m 높이에서 세 개의 큰 갈래로 갈라져
사방으로 퍼진 가지들이 전형적인 느티나무 모양을 이룬다. 사계절 어느 시
기에 보아도 위풍당당함이 매력적인 나무로 어린 학생들을 위한 자연 학습
공간이면서 휴식 공간으로 활용되고 있다. 수관 폭이 28m 내외로 넓어 한
여름이면 짙은 녹음을 만들어 쉼터 역할을 톡톡히 하고 있다. 실제 나무 아
래에 의자와 탁자가 배치되어 있다. 줄기에는 외과치료와 인공수피 처리 흔
적이 있지만 건강한 편으로 모습도 웅장하다.

찾아가기 ▶　고창담양고속도로 북광주요금소에서 3.4km 거리에 있어 5분이면 도착할 수 있다.
담양에는 자연유산으로 명승 식영정 일원(21km), 명옥헌 원림(23km), 소쇄원(23km)이 있고, 천연
기념물로 태목리 대나무 군락(3.4km), 관방제림(11km), 봉안리 은행나무(16km)가 있다.

담양 대치리 느티나무

064

순천 송광사 천자암

쌍향수
(곱향나무)

소재지 전라남도 순천시 송광면 천자암길 105
천연기념물 지정일자 1962년 12월 7일
지정당시 추정수령 800년

곱향나무는 향나무의 한 종류로, 해발 2,000m 이상에서 자라며 잎이 매우 짧고 모든 잎이 바늘처럼 뾰족한 것이 특징이다. 우리나라에서는 백두산에서 자생하는 것으로 알려져 있는데 천연기념물로 지정된 곱향나무가 순천 송광사 천자암 경내 언덕에도 자라고 있다. 곱향나무 노거수 두 그루가 나란히 붙어 있어 쌍향수라고 불린다. 고려시대 보조국사 지눌이 천자암을 짓고 제자 담당국사와 함께 중국에 다녀올 때 사용하던 지팡이를 나란히 꽂아 놓은 것이 뿌리를 내려 이 나무가 되었다는 전설이 전해진다. 줄기 전체가 나선형을 그리며 위로 솟아 마치 승천하는 두 마리의 용을 보는 듯하다.

쌍향수의 나무높이는 두 그루 모두 12m이고, 가슴높이 둘레는 각각 4.1과 3.3m이다. 남쪽과 북쪽 줄기에서 사방으로 가지가 뻗었는데 가지의 길이는 대략 3~6m이다. 쌍향수를 흔들면 극락세계로 갈 수 있다는 전설이 있어 예전부터 많은 사람들이 천자암을 찾았다고 한다. 송광사는 신라말 창건한 길상사가 시초로서 우리나라 삼보사찰(불보 통도사, 법보 해인사, 승보 송광사) 중 승보사찰로 유명하다.

찾아가기 > 호남고속도로 주암요금소에서 19km, 남해고속도로 고흥요금소에서 25km 거리에 있어 30분 이내에 도착할 수 있다. 하지만 송광사에서 천자암까지의 거리가 멀어 차로 가든 걸어가든 쌍향수를 보려면 쉽지 않은 여정이 필요하다. 비교적 가까운 거리에 있는 순천의 문화유산으로 사적 낙안읍성(19km)이 있다. 순천의 자연유산으로는 명승 초연정 원림(16km)이 있고, 천연기념물로 선암사 선매암(30km), 평중리 이팝나무(38km)도 있다.

순천 송광사 천자암 쌍향수

065

영암 월곡리

느티나무

소재지 전라남도 영암군 군서면 월곡리 747-2
천연기념물 지정일자 1982년 11월 9일
지정당시 추정수령 550년

영암 월곡리 느티나무는 마을 주민들이나, 오가는 사람들이 쉬어갈 수 있는 정자나무로 사랑받고 있지만, 무속인들이 자주 찾는 서낭나무로도 유명하다고 한다. 마을 주민들도 이 나무를 마을 수호신으로 여기며 정월 대보름에는 풍악놀이를 하고, 명절 때마다 금줄을 치고 제물을 바치며 풍년을 기원한다고 한다.

이 느티나무의 나무높이는 19m이고, 가슴높이 둘레가 7.9m이다. 수관 폭은 동서가 남북보다 4m 정도 더 넓어 30m에 이른다. 원줄기가 4m 높이에서 여덟 갈래로 갈라졌으나 두 개는 고사하여 절단되었고 줄기 서쪽에 두 개의 큰 혹이 보이는 등 이곳저곳 세월의 상흔이 많다. 뿌리 근처의 외과치료 부위에는 화재 흔적도 발견되는데 무속인의 촛불에 의한 화재로 추측된다. 안전 시설물로 철재 지지대와 쇠조임이 설치되어 있음에도 아래쪽의 큰 가지들은 땅 쪽으로 늘어져 있어 전체 반구형을 이룬다.

찾아가기 ▶ 남해고속도로 서영암요금소와 서호학산요금소에서 26km 거리에 있어 20분 정도면 도착할 수 있다. 영암의 문화유산으로 사적 구림리 요지(3.5km)와 보물을 많이 소장한 도갑사(4.6km)가 유명하다. 영암 도갑사에 있는 해탈문과 월출산 마애여래좌상(18km)은 국보로 지정되어 있다. 도지정 기념물로 백제 근초고왕 때 학자인 왕인박사의 유적지가 3.2km 거리에 있어 함께 방문하면 좋다.

066

장성 단전리

느티나무

소재지 전라남도 장성군 북하면 단전리 291
천연기념물 지정일자 2007년 8월 9일
지정당시 추정수령 400년

　　장성 단전리 느티나무는 지금까지 알려진 가장 큰 느티나무로 우리나라 대표격 느티나무라고 할 수 있다. 마을 앞 국도변 경작지 사이에 있어 눈에 쉽게 띈다. 이 나무는 나무높이가 28m이고, 가슴높이 둘레는 10.5m이다. 5m 높이에서 여러 갈래로 갈라져 폭이 32m에 이르는 반원형의 큰 수관을 형성하는데 그 형태가 좋고 모습도 매우 아름답다. 임진왜란 이후 단전마을에 정착한 도강 김씨 김충남이 왜란 때 순절한 친형 김충로를 기리기 위해 심었다고 전해져 '장군나무'라고도 불린다. 실제 앞에 서면 장군의 기상이 느껴질 정도로 웅장한 자태를 뽐낸다. 마을 주민들이 나무를 신목으로 여겨 매년 정월 대보름에 당산제를 지내왔다고 하며 나무 잎의 발생 상태를 보고 한 해의 풍흉을 점쳤다고 한다. 현재는 나무의 뿌리 생육환경 개선을 위해 주변 토지를 매입하여 주변 정비사업을 시행하고 있다.

찾아가기 ▶　호남고속도로 백양사요금소에서 13km, 장성요금소에서 17km 거리에 있어 15분이면 도착할 수 있다. 고창담양고속도로의 경우 북광주요금소에서 19km, 광주대구고속도로의 경우 담양요금소에서 23km 떨어져 있다. 함께 탐방할 만한 장성의 문화유산으로 입암산성(12km), 황룡전적(18km), 필암서원(19km), 대도리 백자요지(37km)가 사적으로 지정되어 있는데 필암서원은 한국의 서원으로 세계문화유산에 등재되어 있다. 장성의 자연유산으로는 백양사 백학봉(13km), 삼남대로 갈재(15km)가 명승으로 지정되어 있고, 백양사(7.1km)에 가면 천연기념물 비자나무 숲과 고불매를 볼 수 있다.

장성 단전리 느티나무

067

장성 백양사

고불매

소재지 전라남도 장성군 북하면 백양로 1239(약수리)
천연기념물 지정일자 2007년 10월 8일
지정당시 추정수령 350년

　대체로 오래된 산사일수록 수행자들의 수행 공간 가까운 곳에 매실(화)나무 한두 그루쯤은 심어져 있다. 아직 추위가 가시지 않은 이른 봄, 가장 먼저 피어나 봄을 알리는 매화가 산사의 수행자에게 주는 의미는 무엇일까? 생각만 해도 마음을 설레게 하는 봄을 연상시키고, 향기를 가득 머금은 채 순수한 듯 화려하게 핀 매화꽃을 앞에 두고 어찌 수행을 할지 사뭇 걱정되기도 하지만 불가에서는 매화가 득도의 기연을 선사하는 매개체라고 한다니 또 다른 뜻을 새겨볼 필요가 있겠다.

　장성 백양사에 가면 매년 3월 말경에 꽃을 피우는 매화나무 고목을 만날 수 있다. 1863년에 지금의 절을 지을 때 100m 거리의 옛 백양사 뜰에 있는 홍매와 백매 한 그루씩을 옮겨 심었는데 홍매만 살아남았다고 한다. 아름다운 진분홍색 꽃과 은은한 향기는 물론이거니와 줄기가 셋으로 갈라져 자란 모양이 깔끔하고 고목으로서의 품위와 매화 본연의 기품이 살아 있어 보는 이의 감탄을 자아낸다. 특별히 '고불매'라는 명칭은 1947년 부처님 원래의 가르침을 기리자는 뜻으로 백양사 고불총림을 결성하며 지었다고 한다.

찾아가기 ▶ 　호남고속도로 백양사요금소에서 14km 거리에 있어 20분 이내에 도착할 수 있다. 백양사 권역 내 가까운 거리에 장성의 자연유산으로 명승 백학봉과 천연기념물 비자나무 숲이 있고, 천연기념물 단전리 느티나무(7km)와 사적 황룡 전적(13km)도 가까이 있어 고불매 탐방과 함께할 수 있다. 한국의 서원으로 세계문화유산으로 등재된 필원서원이 26km 거리에 있다. 장성의 축령산 편백나무 숲(31km)은 전국적으로 유명해 많은 등산객들이 찾는 곳이다.

장흥 삼산리

후박나무

소재지 전라남도 장흥군 관산읍 삼산리 324-8번지 외
천연기념물 지정일자 2007년 8월 9일
지정당시 추정수령 400년

녹나무과에 속하는 후박나무는 키가 큰 상록활엽수로 울릉도, 제주도, 남부지방 등 주로 바닷가 주변에서 자생한다. 천연기념물로 지정되어 보호되고 있는 장흥 삼산리 후박나무 역시 바닷가 마을 입구에 위치해 있다. 이 나무는 남북 방향으로 반원형의 수관을 형성하고 있어 멀리서 보면 마치 한 그루처럼 보이지만 실제로는 세 그루 후박나무가 모여 하나의 수관을 형성하고 있다.

이 나무의 전체 나무높이는 11m이고, 각각의 가슴높이 둘레가 3.1, 2.8, 2m이다. 수관 아래로 나무 테크를 전면에 설치해 마을 주민들의 쉼터로 활용하고 있다. 나무 아래 그늘을 만드는 세 그루의 수관 폭이 25m에 이르러 일정 정도 떨어져서 바라보면 그야말로 장관이다. 이 후박나무는 1580년경 경주 이씨 선조가 이 마을로 전입할 때 심은 것으로 전해진다.

찾아가기 ▶ 남해고속도로 장흥요금소에서 24km 거리에 있어 30분 이내에 도착할 수 있다. 장흥의 문화유산으로 국보(1개)와 많은 보물을 소장한 보림사(39km)와 사적 석대들 전적(20km)이 있다. 석대들 전적지는 지리적 요충지로 동학농민혁명의 최대·최후 격전지였다. 장흥의 자연유산으로 천관산(8.4km)이 명승으로 지정되어 있고, 천연기념물로 옥당리 효자송(5.4km)과 어산리 푸조나무(14km)도 있다.

장흥 삼산리 후박나무

069

장흥 옥당리

효자송

소재지 전라남도 장흥군 관산읍 옥당리 166-1
천연기념물 지정일자 1988년 4월 30일
지정당시 추정수령 200년

　전남 장흥 옥당리에 효심이 지극한 세 명의 옛 청년을 기려 '효자송'이라고 부르는 곰솔 노거수가 있다. 200여 년 전에 세 형제가 무더운 여름날 밭에서 일하는 노모를 위해 심었다고 전해지는 이 나무는 처음에는 감나무와 소태나무도 함께 심었는데 감나무는 죽은 자리에서 움이 터 확인할 수 있지만 소태나무는 죽어 사라졌는지 보이지 않는다.

　이 효자송은 천관산으로 가는 도로 한켠에 있으며 나무높이는 9.8m이고, 근원부 둘레가 4.6m이며, 수관 폭은 원줄기가 지상 약 1.3m 높이에서 세 줄기로 분지하고 수평으로 자라 25m나 된다. 나무 키보다 수관 폭이 배 이상 넓어 마치 반송처럼 보인다. 수관 아래로 처진 가지를 떠받친 지지대들이 있고 주위에 울타리가 설치되어 있으며 그 주변으로 평상 모양의 넓적한 바위가 놓여 있다.

찾아가기 ▶ 남해고속도로 장흥요금소에서 21km 거리에 있어 25분 전후로 도착할 수 있다. 이 곰솔에 이르는 이동 경로상에 천연기념물 삼산리 후박나무(6.3km)와 어산리 푸조나무(12km)가 있어 함께 방문하면 좋다. 장흥의 문화유산으로 사적 석대들 전적(17km)과 국보와 많은 보물을 소장한 보림사(36km)가 있다. 석대들 전적지는 지리적 요충지로 많은 사상자를 낸 동학농민혁명의 최대·최후 격전지였다. 가까운 거리에 있는 장흥의 자연유산으로 명승 천관산(해발 723.1m)은 예로부터 호남 5대 명산으로 뛰어난 경관을 즐기기 위해 많은 등산객들이 찾는 곳이다.

070

진도 상만리

비자나무

소재지 전라남도 진도군 임회면 상만리 681-1
천연기념물 지정일자 1962년 12월 7일
지정당시 추정수령 600년

비자나무는 잎 모양이 한자 비(榧)에 있는 아닐 비(非)와 닮았다 하여 붙여진 이름이라고 한다. 글자 모양대로 잎끝이 뾰족하고 단단해서 만지면 따갑다. 직접 찔려 봤는데 매우 아팠던 기억이 있다. 그러므로 나무나 잎 모양이 예쁘다고 무턱대고 만지면 안 되고 조금 떨어져서 감상하길 권한다. 이 나무는 노거수라도 생장 속도가 느려서 키가 큰 편이 아니다. 대신 줄기가 굵어 옹골찬 느낌을 준다. 주로 한국과 일본에서 자생하며 우리나라 제주도와 내장산 이남의 따뜻한 곳에서 잘 자란다.

남도의 끝자락 진도 상만리에 추정수령 600년의 비자나무 한 그루가 있다. 이 나무는 마을 뒤 여귀산 자락에 있는데 고려시대 사찰인 상마사가 있던 곳이다. 나무높이는 10.2m이고 가슴높이 둘레가 6.4m에 이른다. 원줄기 3m 높이에서 여러 갈래로 갈라져 자랐는데 수관 폭은 남북이 동서보다 3m 정도 넓어 15m이다. 줄기에는 맹아 발생이 매우 많고, 큰 가지 하나는 외과 치료를 받았다. 휴식용 의자들이 울타리 안팎으로 놓여 있어 마을의 수호목이자 쉼터가 되고 있다. 또한 천연 구충제를 제공하는 의원나무로서 주민들의 사랑과 보호를 받고 있다. 전해지는 이야기로 이 나무에서 떨어져도 크게 다치는 일이 없었다고 한다.

찾아가기 ▶ 남해고속도로 서영암요금소와 서해안고속도로 목포요금소에서 70km 거리에 있어 도착하는데 1시간이 좀 넘게 걸린다. 진도의 자연유산으로 명승 진도 운림산방(21km)과 바닷길(22km)이 있다. 운림산방은 단풍이 물드는 가을이 특히 아름다우며 한국판 모세의 기적이라는 신비의 바닷길도 볼 수 있다. 천연기념물로 진돗개, 쌍계사 상록수림(22km), 관매도 후박나무(39km) 등도 있다.

수성송

소재지 전라남도 해남군 해남읍 군청길 4(성내리)
천연기념물 지정일자 2001년 9월 11일
지정당시 추정수령 400년

해남 성내리 소재 해남군청 광장에 가면 커다란 곰솔 한 그루를 만나볼 수 있다. 조선 명종 10년(1555년) 을묘왜변 때 해남 현감 변협(邊協)이 왜선을 어렵게 물리치고 이를 기념해 당시 해남 동헌 앞뜰에 심었다고 하여 수성송이라 부른다.

이 수성송은 추정수령이 400년이고, 나무높이는 17m이며, 가슴높이 둘레가 3.4m이다. 굵은 외줄기가 6m 높이에서 여러 개로 나뉘어 수관을 형성하고 있다. 원줄기가 북서쪽으로 20도 정도 기울어져 있으나 가지들이 자연스레 늘어져 수관의 안정감을 준다. 해남군청 앞이 광장으로 조성되면서 수성송 나무 주위로 보호와 휴식용 의자를 겸한 연석이 둘러져 있다.

찾아가기 ▶ 남해고속도로 강진무위사요금소에서 26km 거리에 있어 25분 정도면 도착할 수 있다. 해남의 문화유산으로 사적 해남 윤씨 녹우당 일원(4.6km), 윤선도 유적(4.6km), 대흥사(11km), 전라우수영(32km) 등이 있다. 해남의 자연유산으로는 두륜산 대흥사 일원(11km)과 달마산 미황사 일원(28km)이 명승으로 지정되어 있고, 천연기념물로 녹우단 비자나무 숲(4.6km), 대둔산 왕벚나무 자생지(17km), 해남 우항리 공룡·익룡·새발자국 화석산지(20km)도 있다.

은행나무

소재지 전라남도 화순군 이서면 야사리 182–1번지 4필
천연기념물 지정일자 1982년 11월 9일
지정당시 추정수령 500년

　은행나무 노거수 중 간혹 가지 밑으로 길게 자란 혹을 볼 수가 있다. 그 모양이 여인의 젖가슴과 닮았다 하여 '젖기둥'이라는 의미로 '유주'라고 부른다. 유주의 발생은 병이 아닌 비정상적인 생장 현상으로 주로 다습한 곳에서 자라는 개체에서 흔히 나타난다. 줄기에 생긴 상처를 스스로 치유할 때 나온 진액에 의해 생긴다는 견해도 있으나 명확하지는 않다. 옛부터 유주가 발달한 은행나무는 젖이 나오지 않는 출산부나 남자의 상징을 닮았다 하여 아들을 낳으려는 사람들이 자주 찾았다고 한다. 화순 야사리 은행나무에도 수 개의 유주가 달려 있는데 이 중 두 개의 유주는 25cm가 넘어 탐방객의 눈길을 끈다.

　이 은행나무는 높이가 25.8m이고, 가슴높이 둘레는 9.2m이다. 원줄기 3m 높이에서 세 개로 갈라져 줄기 중심이 동굴처럼 보인다. 수관 폭은 22m이며 수형은 원추형에 가깝다. 2019년 태풍 링링으로 인해 가지 상당 부분이 부러지는 피해를 받기도 했다. 조선 성종 때(1469년) 마을이 생길 당시 심겨진 것으로 전해지며 이 마을 당산나무로 정월 대보름에 한 해의 풍년과 마을의 안녕을 기원하는 당산제를 지낸다고 한다. 야사리 마을은 요것 저것 볼거리가 많은 시골로 그 중에 도기념물로 크고 이쁘게 자란 화순 야사리 느티나무도 함께 볼 수 있다.

찾아가기 ▶ 호남고속도로 창평요금소에서 22km, 옥과요금소와 주암요금소에서 27km 거리에 있어 30분이면 도착할 수 있다. 화순의 자연유산으로 명승 적벽(1.7km), 무등산 규봉 주상절리와 지공너덜(5.4km), 임대정 원림(18km)이 있고, 천연기념물로 서유리 공룡발자국 화석산지(11km)와 개천사 비자나무 숲(45km) 등이 있다.

고창 수동리

팽나무

소재지 전북특별자치도 고창군 부안면 수동리 446번지 외
천연기념물 지정일자 2008년 5월 1일
지정당시 추정수령 400년

　열매를 대나무 총에 넣고 쏘면 팽~하고 소리를 내며 발사된다고 하여 대나무 총을 팽총, 이 열매를 맺는 나무를 팽나무라고 불렀다고 한다. 팽나무 열매는 콩알 크기로 노랗게 익는데 먹을 수 있으며 곶감 맛이 난다고 하니 열매가 익을 무렵 도전해 보길 바란다.

　고창 수동리 팽나무는 나무높이가 12m로 높지 않으나 가슴높이 둘레는 6.6m로 현재 천연기념물로 지정된 팽나무 중 가장 굵은 것으로 알려져 있다. 원줄기는 울퉁불퉁하고 수직 방향으로 여러 개의 큰 주름이 깊게 잡혀 있다. 약 2m 높이에서 여러 줄기로 갈라져 사방으로 뻗어 자랐는데 수세가 좋은 편이다. 수관 폭은 대략 25m 내외이고 한때 외관은 커다란 우산을 펼친 듯한 모양이었으나 오래전 가지 일부가 찢기는 피해를 받아 지금의 수형을 유지하고 있다. 나무를 보호하기 위해 외과치료가 진행되었으며 안전 시설물 등이 설치되어 있다. 나무 동쪽으로 간척지가 있는데 매립되기 전에는 이 나무에 배를 묶었다고 한다. 마을 주민들은 이 나무 아래에 모여 민속놀이를 하며 마을의 안녕과 풍년을 기원한다고 한다.

찾아가기 ▶ 서해안고속도로 선운산요금소에서 5.7km 거리에 있어 10분 이내에 도착할 수 있다. 고창의 문화유산으로 국가지정 보물을 많이 소장한 선운사(14km)와 문수사(28km)가 있고, 사적 고창읍성(16km)이 있다. 고창의 자연유산으로 병바위 일원(14km)과 선운산 도솔계곡 일원(31km)이 명승으로 지정되어 있다. 천연기념물로 삼인리 송악(13km), 선운사 동백나무 숲(14km), 교촌리 멀구슬나무(16km), 문수사 단풍나무 숲(28km), 선운사 도솔암 장사송(31km), 중산리 이팝나무(34km)도 있다. 중산리 이팝나무는 꽃 피는 5월 초가 절정이다. 고창의 병바위와 갯벌은 유네스코 세계지질공원으로 지정되었다.

왕버들

소재지 전북특별자치도 김제시 봉남면 종덕리 299-1번지 7필
천연기념물 지정일자 1982년 11월 9일
지정당시 추정수령 300년

　왕버들은 버드나무과에 속하며, 다른 버드나무에 비해 잎이 넓고 키가 커 붙여진 이름이다. 새잎이 나올 때 붉은 빛을 띠는 것이 특징이다. 나무의 모양이 좋고, 특히 촛불 같은 진분홍색 새순들의 어우러진 모습이 아름답다. 주로 따뜻한 남부지역을 선호하고 습지나 냇가에서 잘 자란다. 생장이 빨라 목재가 무르기 때문에 줄기가 잘 썩는 특징도 있다. 줄기의 썩은 부위는 벌레 차지가 되는데 죽은 벌레의 몸에서 나온 인 성분이 습한 공기 중에서 자연 발화하여 빛을 내기도 한다. 사람들은 이를 도깨비불이라 여겨 왕버들을 도깨비버들이라고 부르기도 한다.

　김제 종덕리의 왕버들은 드넓은 김제평야의 한 귀퉁이에 우뚝 솟아 있다. 나무높이가 12m이고, 가슴높이의 둘레는 8.8m이다. 원줄기는 1.8m에서 사방으로 길게 뻗어 있으며 수관 폭은 21m로 넓게 발달되어 있다. 현재 대부분의 왕버들 고목처럼 줄기 곳곳에 상처가 있고 내부는 공동화되어 있다. 여기저기 세월의 무게로 뒤틀려 있지만 풍기는 위풍당당함은 여전히 압도적이다. 마을 주민들은 이 나무를 휴식처로 이용하고 있으면서도 나뭇가지 하나만 잘라도 집안에 불운이 닥친다며 마을의 수호신으로 신성시하고 있다.

찾아가기 ▶ 호남고속도로 금산 사요금소에서 4.5km 거리에 있어 5분이면 도착할 수 있다. 김제의 문화유산으로 사적 관아와 향교(11km), 벽골제(16km)가 있다. 김제 벽골제는 우리나라에서 처음으로 둑을 쌓아 만든 저수지다. 김제의 자연유산으로 진봉산 망해사 일원(33km)이 명승으로 지정되어 있고, 천연기념물로 행촌리 느티나무(3.4km)가 5분 거리에 있다.

075

김제 행촌리

느티나무

소재지 전북특별자치도 김제시 봉남면 행촌2길 89 (행촌리)
천연기념물 지정일자 1982년 11월 9일
지정당시 추정수령 600년

김제는 우리나라 최대의 곡창지대 중 한 곳으로 한 해 농사가 매우 중요한 곳이다. 옛부터 김제 행촌리 주민들은 봄마다 느티나무 잎의 상태를 보고 그해의 풍년과 흉년을 가늠했는데 잎이 푸르고 싱싱하면 풍년이 들고, 반대로 잎이 왜소해 보이면 흉년이 든다고 믿었다고 한다. 이에 마을 주민들은 이 나무를 당산나무로 신성시하여 매년 정월 초사흘에 당제를 올리며 한 해의 풍년과 안녕을 빌었다고 한다.

김제 행촌리 느티나무는 나무높이가 15.2m, 가슴높이 둘레는 10.4m이다. 추정수령이 600년으로 근원부 둘레가 가슴높이 둘레의 두 배는 족히 되고 주변으로 노출된 많은 굵은 뿌리들이 대지를 움켜쥐는 듯한 모습을 하고 있어 노거수다운 묵직함이 느껴진다. 줄기 표면은 울퉁불퉁하며 4m 높이에서 큰 줄기로 갈라져 자랐는데 수관 폭은 20m 내외이다.

찾아가기 > 호남고속도로 금산사요금소에서 6.1km 거리에 있어 10분 이내 도착할 수 있다. 가까운 거리에 김제의 문화유산으로 국보 미륵전과 그 외 많은 국가지정 보물을 소장한 금산사(10km)가 있다. 금산사 일원(10km)은 사적으로도 등록되어 있기도 하다. 김제의 자연유산 천연기념물로 종덕리 왕버들(3.4km)이 5분 거리에 있어 함께해도 좋겠다.

076

남원 진기리

느티나무

소재지 전북특별자치도 남원시 보절면 진기리 495외 3필
천연기념물 지정일자 1982년 11월 9일
지정당시 추정수령 600년

   남원 진기리 느티나무는 조선 세조 때 우공이라는 무관이 뒷산에서 자라는 나무를 마을 앞에 옮겨 심은 것이라고 전해진다. 이 나무의 추정수령이 600살인 걸 보면 얼추 이야기 속 시기와 비슷하다. 게다가 이곳에 단양 우씨가 마을을 이루고 있고 그 후손들이 사당을 짓고, 한식날에는 제사도 모신다고 하니 더 믿음이 간다.

   이 느티나무는 나무높이가 23m이고, 가슴높이 둘레는 8.3m이다. 우씨 마을 주민의 보호 아래 성장해서인지 수세가 양호하고 수관 폭은 25m에 이른다. 가지가 사방으로 고루 넓게 퍼져 있어 수형이 둥근 모양이다. 특이하게도 지상부로 노출된 뿌리가 넓게 분포되어 있어 호기심을 자아낸다. 가지에는 부러짐을 방지하기 위한 철재 지지대가 여러 곳에 설치되어 있다. 예전부터 이 느티나무는 마을 정자나무로서 주민들의 모임터 역할을 해오고 있으며 마을 수호신으로 여겨 주민 화합과 마을 안녕을 위한 당산제를 올리고 있다.

찾아가기 ▶ 광주대구고속도로 남원요금소에서 11km 거리에 있어 15분 정도면 도착할 수 있다. 가까운 거리에 함께 탐방할 만한 남원의 주요 문화유산으로 사적 만인의총(16km)이 있고, 자연유산으로 명승 광한루원(14km)이 있다.

077

무주 삼공리

반송

소재지 전북특별자치도 무주군 설천면 삼공리 31외 1필
천연기념물 지정일자 1982년 11월 9일
지정당시 추정수령 350년

소나무는 육송, 곰솔(해송), 백송, 반송 등 종류가 다양하다. 이들은 서로 많은 점들을 공유하지만 종류별로 고유의 특징을 가지고 있다. 반송은 *Pinus densiflora* for. *multicaulis*의 학명에서 특징을 찾아볼 수 있는데 품종명 *multicaulis*는 *multi*(다채로운)와 *caulis*(줄기)의 합성어로 여러 줄기라는 뜻이다. 즉, 반송은 밑동에서부터 여러 개의 줄기가 부챗살처럼 자라는 것이 특징으로, 줄기가 여럿이다 보니 크게 자라지는 않는다.

무주 삼공리 보안마을에 있는 반송은 가지가 사방으로 갈라져 전제적으로 우산 모양을 하고 있어 반송의 특징을 가장 잘 나타내 주는 소나무다. 이 반송은 나무높이가 14m이고, 근원부 둘레는 6.6m로 우리나라에서 가장 크고 아름다운 반송으로 알려져 있다. 150년 전쯤에 한 주민이 외지에서 이곳에 옮겨 심었다고 전해지며, 마을 주민들은 구천동 길목에 있다 하여 구천송(九千松) 또는 가지가 많아 만지송이라고도 부른다. 큰 가지들의 찢어짐 방지용으로 관통형 줄당김이 여러 곳에 설치되어 있는데 제일 위쪽에는 원형 고리를 중심으로 한 방사상 줄당김을 실시해 수형을 유지하고 있다. 나무 근처에는 낙뢰 피해 방지용으로 피뢰침이 설치되어 있다.

찾아가기 ▶ 통영대전고속도로 무주요금소에서 22km, 덕유산요금소에서 24km 거리에 있어 25분이면 도착할 수 있다. 무주의 문화유산으로 사적 적상산성(21km)이 있다. 적상산성이 있는 적상산은 한국 100경 중의 하나로 가을 단풍의 명소로 유명하다. 무주의 자연유산으로는 명승 무주 구천동 파회·수심대 일원(5.4km)과 무주구천동 일사대 일원(10km)이 있고, 천연기념물로 무주 일원 반딧불이와 그 먹이 서식지(10km), 오산리 구상화강편마암(24km)이 있다.

의암송

소재지 전북특별자치도 장수군 장수읍 호비로 10(장수리)
천연기념물 지정일자 1998년 12월 23일
지정당시 추정수령 400년

옛날 장수현 관아의 뜰이었던 구 장수군청 현관 바로 앞에 의암송이라고 불리는 소나무 한 그루가 있다. 이 나무는 나무높이가 8.2m이고, 가슴높이 둘레는 3.5m이다. 원줄기가 1m에서 용트림하듯 시계방향으로 나선형을 이루고 있으며 혹이 있다. 2.8m 높이에서 두 줄기로 갈라져 북에서 남으로 경사를 이루는 수관이 형성되어 있는데 폭은 동서보다 남북 방향이 6m 정도 더 넓어 16m에 이른다.

의암 논개가 현감 최경회의 부실이었을 때 심은 나무로 전해지는데 임진왜란 때 의암 논개가 보여 준 의기를 기려 마을 주민들이 붙인 이름이라고 한다. 의암 논개가 직접 심은 것인지는 확실치 않다. 지금은 신청사의 개청으로 주변 정비가 잘 되어 있고 나무의 생육 환경도 넓혀져 있다. 1km 거리에 논개 초상화가 있는 의암사가 있으니 함께 방문하면 의미가 있을 듯하다.

찾아가기 ▶ 새만금포항고속도로 지선(익산–장수) 장수요금소에서 11km 거리에 있어 15분 이내에 도착할 수 있고 통영대전고속도로의 경우 장수분기점과 13km 거리에 있다. 장수의 천연기념물로 장수 봉덕리 느티나무(11km)도 있다.

장수 장수리 의암송

지리산

천년송

소재지 전북특별자치도 남원시 산내면 부운리 산111
천연기념물 지정일자 2000년 10월 13일
지정당시 추정수령 400년

지리산국립공원 뱀사골 내에 있는 와운마을의 뒷산 위쪽 해발 800m에 천년송이라 불리는 소나무가 있다. 이 소나무는 임진왜란 이전부터 자생해 왔다고 전해지며 실제 수령은 400년 정도로 추정하고 있다. 와운마을 주민들이 이 나무를 할매(할머니)송이라고 부르는데, 20m 위쪽에 자리한 한아시(할아버지)송보다 더 크고 오래된 나무라서 할매송을 천년송이라 한다. 마을 주민들은 이 나무를 수호신으로 여겨 매년

초사흗날에 당산제를 올리며 마을의 안녕과 풍년을 기원한다고 한다. 나무 높이는 20m이고, 가슴높이 둘레가 4.4m이다. 원줄기가 4m 높이에서 남북 방향으로 분지하였는데 수관 폭이 동서보다 6m 정도 더 넓어 24m에 이른다. 수형이 우산을 펼쳐 놓은 듯한 반송형으로 매우 수려하고 마을 주민의 보호로 관리 상태도 좋은 편이다.

와운마을은 구름도 누워 갈 정도로 높고 험한 곳이라는 뜻으로, 지금은 뱀사골 탐방안내소에서 꼬불꼬불한 산길을 따라 차로 10분이면 도착할 수 있다. 하지만 지리산 계곡 중에서 가장 아름답다는 천혜의 계곡인 뱀사골에 있으므로 와운마을까지 걸어서 오르는 것을 적극 추천한다. 맑은 계곡물을 따라 40~60분 정도면 도착할 수 있다. 가파른 구간이 있긴 하지만 계곡 옆 데크길을 따라 편하게 오를 수 있다.

찾아가기 ▶ 와운마을은 광주대구고속도로 지리산요금소에서 20km 거리에 있어 35분이면 갈수 있다. 국보로 백장암 삼층석탑과 여러 보물을 소장하고 있는 실상사(13km)가 가까운 곳에 있어 함께 탐방하면 좋을 것 같다. 한편 지리산 내에 성삼재(16km)와 비슷한 거리에 있는 정령치는 해발고도가 1,100m 이상으로 우리나라에서 자동차로 오를 수 있는 가장 높은 곳이다. 통행이 금지되는 동절기를 제외하고 언제라도 오를 수 있어 함께 방문한다면 후회 없는 여행이 될 것이라 장담한다.

전나무

소재지 전북특별자치도 진안군 정천면 갈용리 산169-4
천연기념물 지정일자 2008년 6월 16일
지정당시 추정수령 400년

진안 천황사 전나무는 독립 개체로 사찰에서 남쪽으로 200미터 떨어진 산 중턱에 있다. 천황사의 번성을 기원하며 심은 나무로 전해지는데 현재까지 우리나라에서 가장 큰 전나무로 알려져 있다. 나무의 모양과 수세가 좋아 전나무 중 유일하게 천연기념물로 지정되었다. 이 전나무의 나무높이는 35m이고, 가슴높이 둘레가 5.7m이며, 수관 폭은 16m 정도 된다.

전나무는 원줄기가 하늘을 향해 길게 쭉 뻗어나가 남다른 기상이 느껴지는 나무다. 추위에 강해 우리나라 전국에서 자생하지만 토양오염이나 아황산가스 등의 대기오염물질에 취약해 현재는 도심에서는 찾아보기 어렵고 깊은 산에서나 볼 수 있는 나무가 되었다. 우리나라 명소로 꼽히는 전나무 숲으로는 오대산 월정사, 부안 내소사, 포천 광릉수목원을 들 수 있다. 그 외에도 울창했던 전나무 숲이 많았지만 환경파괴로 사라지고 현재는 일부만 남아 명맥을 유지하고 있어 아쉬울 따름이다.

찾아가기 ▶ 진안 천황사는 새만금포항고속도로 지선(익산-장수) 진안요금소에서 19km 거리에 있어 25분이면 도착할 수 있다. 진안의 자연유산으로 마이산(25km)이 명승으로 지정되어 있고, 천연기념물로는 마이산 줄사철나무 군락(26km), 은수사 청실배나무(26km), 평지리 이팝나무 군(26km)이 있다. 가까운 거리에 기암괴석의 바위산으로 9개의 봉우리가 뚜렷하게 솟아 있는 구봉산(해발 1,002m)이 있는데 섬진강의 발원지이기도 한 이곳은 경관이 매우 아름다워 등산객이 많이 찾는 자연 명소다.

081

광주 충효동

왕버들 군

소재지 광주광역시 북구 충효동 911-0
천연기념물 지정일자 2012년 10월 5일
지정당시 추정수령 450년

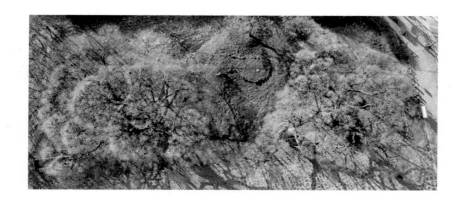

옛부터 우리 조상들은 마을의 지형상 내외적으로 노출된 약점을 보완하고 채워서 길해지도록 인위적으로 비보숲을 조성해 왔다. 비보는 도울 비(裨)에 보충할 보(補)자를 써서 도와서 보충한다라는 의미로, 풍수 이론에서 등장하는 용어다. 즉, 풍수지리설을 배경으로 조성된 마을숲을 비보숲이라 한다. 고려 신종(1198)은 풍수설에 따른 산천의 비보에 관한 일을 맡아 보는 관청으로 산천비보도감을 설치해 운영하기도 했다.

광주 충효동 마을의 왕버들 군락도 비보숲으로 조성된 것이었다. 숲 조성 당시 다섯 그루의 왕버들을 심었는데 한 그루는 고사하고 다른 한 그루는 도로 확장으로 베어 내 세 그루만 남게 되었다고 한다. 세 그루가 남북 방향으로 5m와 10m 간격을 두고 일렬로 서 있는데 10m 떨어져 있는 세 번째 나무의 규모가 가장 크다. 이 나무는 나무높이가 13m이고, 가슴높이 둘레는 8.1m이다. 수관 폭은 대략 25m 정도 된다. 타지역의 왕버들에 비해 수령이나 규모가 월등하고, 수형 및 수세도 양호할 뿐만 아니라 마을 경관으로서의 전통성과 대표성을 인정받아 천연기념물로 지정되어 보호 관리 받고 있다. 충효동 왕버들은 임진왜란 때 곽재우 장군과 함께 왜병을 물리친 김덕령 의병장의 탄생을 기념해 심은 것으로 김덕령나무라고 불리기도 한다.

찾아가기 ▶ 호남고속도로 창평요금소에서 8.9km 거리에 있어 15분 이내에 도착할 수 있다. 광주의 문화유산으로 충효동 요지(2.2km)가 사적으로 지정되어 있고, 자연유산으로 명승 광주 환벽당 일원(0.5km)과 천연기념물 무등산 주상절리대(7.3km)가 있다. 행정구역은 다르지만 인접해 있는 담양의 자연유산으로 식영정 일원(700m)과 소쇄원(1.4km)이 명승으로 지정되어 있어 함께 방문하면 좋을 것 같다.

광주 충효동 왕버들 군

5

제주특별자치도

082

제주 도련동

귤나무류

소재지 제주특별자치도 제주시 도련 6길 21 외 (도련일동)
천연기념물 지정일자 2011년 1월 13일
지정수량 4종류 6그루
지정당시 추정수령 100~200년

　제주도에서 감귤류가 처음 재배된 시기는 삼국시대 이전으로 15종 이상
의 재래종 감귤류가 있었던 것으로 추정된다. 하지만 현재 제주에서 재배되
고 있는 감귤류의 대부분은 일본이 재래종을 개량한 것을 도입한 품종들
이다. 제주도에는 이처럼 재래종이 거의 남아 있지 않은데 다행히 제주 도
련동 마을 한가운데에 제주 귤의 원형으로 짐작할 만한 재래종들이 무리
지어 있어 천연기념물로 지정하여 보호 관리하고 있다. 당유자나무와 병귤
나무가 두 그루씩, 산귤나무와 진귤나무는 한 그루씩이 있고, 추정수령은
100~200년이다. 나무높이는 6~7m이고, 근원부 둘레는 대략 1~2m 정도
된다. 줄기 곳곳에 치료된 상처와 외과치료 흔적들이 있다. 귤나무가 천연기
념물인 게 생소하다면 한 번쯤 현장을 탐방하여 그 의미를 되새겨 보는 것
도 좋을 것 같다.

찾아가기 ▶ 연삼로에서 도련6길이나 연북로로 접어들면
1~2분 내로 도착할 수 있다. 번영로를 이용하는 경우라면
연북로로 접어들어 1.6km 이동한 후 도련6길로 우회전하면
200m 정도 거리에 있다. 가까이에 제주시 문화유산으로 삼
양동 유적(2.2km), 삼성혈(6.3km), 제주목 관아(6.7km) 등이
사적으로 지정되어 있다. 제주시에서 천연기념물 노거수를
볼 수 있는 곳으로는 봉개동 왕벚나무 자생지(9.6km), 산천
단 곰솔 군(12km), 수산리 곰솔(27km) 등이 있다.

083

제주 산천단

곰솔 군

소재지 제주특별자치도 제주시 516로 3041-24(아라일동)/
아라동 375-1
천연기념물 지정일자 1964년 1월 31일
지정당시 추정수령 500~600년

제주 산천단은 한라산 산신제를 올리는 곳으로, 원래 한라산 정상에서 지내던 것을 조선 성종 때 이약동 제주 목사가 제물 운반에 따른 폐해를 고려하여 산천단으로 옮긴 후 매년 음력 3월에 산신제를 봉행하고 있다. 일제강점기에 주둔한 일본군이 금괴 등을 주변에 묻어 놨다고 해서 한때 매장물 찾기 소동이 있었던 곳이기도 하다. 하지만 정작 이곳에서 자라고 있는 우리나라에서 가장 큰 여덟 그루의 곰솔이야말로 진짜 보물 중의 보물이지 않을까 싶다. 처음 곰솔 군과 마주하게 된다면 누구라도 곰솔의 크기와 주변 환경에 놀라 제주도에 이런 곳이 있다는 사실에 탄성을 자아내게 될 것이다.

산천단 곰솔 군의 나무높이는 21~30m이고, 가슴높이 둘레가 평균 4.4m이다. 이 중 가장 큰 나무는 공동이 발생되어 나무 넘어짐 예방을 위해 H빔 철재 지지대를 설치해 보호하고 있다. 이 철재 지지대는 우리나라에서 나무를 보호하기 위해 설치된 지지대 중 가장 큰 규모다. 소나무재선충병을 예방하기 위해 최초로 나무주사를 실시한 천연기념물이기도 하다. 필자는 과거부터 산천단 곰솔을 관리하며 지지대 설치 및 외과치료에 직간접적으로 참여해 오고 있다. 최근에는 자연 노출 상태로 관리해 오던 줄기의 커다란 공동에 나무 자체의 지지력을 보강하기 위해 내부 골격을 설치하고 빗물 유입을 차단하는 등 외과치료를 진행하였다. 산천단 곰솔 군은 필자에게 있어 수많은 천연기념물 중 가장 기억에 남는 나무 중의 하나다. 그래서인지 제주를 여행하는 지인들에게 꼭 방문하여 만나보길 적극 추천하곤 한다.

찾아가기 > 제주와 서귀포를 잇는 516도로 주변에 있어 접근성이 아주 좋다. 가까운 거리에 있는 소산오름 편백나무 숲은 최고의 힐링 장소이고, 세미양오름(삼의악오름, 1.6km)에 오르면 산천단 곰솔 군이 주변 자연과 어울려 만든 최고로 멋진 풍경을 감상할 수 있을 뿐만 아니라 한라산과 제주시 전체를 조망할 수도 있다.

제주 산천단 곰솔 군

084

제주 성읍리

느티나무 및 팽나무 군

소재지 제주특별자치도 서귀포시 표선면
성읍정의현로 56번길 3(성읍리)
천연기념물 지정일자 1964년 1월 31일
지정당시 추정수령 600~1,000년

느티나무와 팽나무는 향토 수종으로 우리나라 어디에서든 흔하게 볼 수 있는 나무다. 우리나라에서 정자나무로 가장 많이 심어진 나무 순으로 보아도 느티나무와 그 다음으로 팽나무다. 느티나무는 마을을 보호하고 지켜 주는 당산나무로, 팽나무는 마을의 기운이 약한 곳을 보완하거나 바람을 막기 위해 심었다고 한다. 제주도에서는 느티나무를 '굴무기낭', 팽나무를 '폭낭'이라고 부른다. 제주도 성읍민속마을 내부 도로 좌우에 느티나무와 팽나무 거목들이 자리해 있는데 옛 제주 민가 형태의 초가집과 조화롭게 어울어져 멋진 경관을 연출하고 있다.

태풍 무이파(2011. 8) 피해로 팽나무 한 그루가 쓰러져 제거되었고 현재 느티나무 한 그루와 팽나무 다섯 그루가 남아 있다. 그중 느티나무와 팽나무 세 그루가 천연기념물로 지정 보호되고 있다. 이 느티나무는 제주도에서 제일 오래된 느티나무로 알려져 있다.

이 느티나무의 나무높이는 15m이고, 가슴높이 둘레가 4.1m이다. 팽나무들은 나무높이가 18m 내외이고, 가슴높이 둘레가 2.1~4.8m이다. 팽나무 줄기에 콩짜개덩굴과 이끼류가 붙어 자라고 있는데 그 모습이 고목으로서의 운치를 더해 준다. 주변으로 돌기둥 구멍에 정낭이라는 나무 기둥을 걸쳐 놓은 나지막한 울타리는 돌담과 맞물려 정겨움을 더한다.

찾아가기 ▶ 97번 번영로와 1119 서성이로가 만나는 지점에서 1.5km 거리에 있어 2~3분이면 도착할 수 있다. 가까운 거리에 있는 영주산(1.8km)은 신선이 살았다고 하여 붙여진 이름이라고 하는데 정상에서 성읍마을을 조망할 수 있고, 모구리오름(3.8km)에는 산등성이를 따라 잘 정비된 산책로가 이어져 있어 힐링하기에 매우 좋다. 천연보호구역으로 성산일출봉(16km)과 천연기념물로 지정된 비자나무 숲(19km) 등이 가까운 거리에 있어 함께 방문하면 좋겠다.

제주 성읍리 느티나무 및 팽나무 군

곰솔

소재지 제주특별자치도 제주시 애월읍 수산리 2274
천연기념물 지정일자 2004년 5월 14일
지정당시 추정수령 400년

곰솔은 중부 이남 해변이나 해안 산지에서 잘 자라며, 줄기와 가지가 검은 빛을 띠는 소나무라 해서 흔히 해송 또는 흑송이라고도 부른다. 하지만 국가표준식물 목록에서 추천하는 정식 명칭은 곰솔이다. 잎이 소나무보다 굵고 억세어 곰털 같다고 하여 곰솔이라는 설도 있으나 나무껍질이 검은색인 데서 검은솔 또는 검솔에서 곰솔로 변한 것으로 추정된다.

제주 수산리 곰솔은 수산저수지와 수산오름 사이에 있는 좁은 도로변에 위치해 있는데 수관이 저수지 쪽으로 기울어져 있어 눈이 쌓이면 마치 물을 마시는 흰곰처럼 보인다고 하여 이 마을 주민들은 이 나무를 곰솔로 부르며 마을 수호신으로 여겼다고 한다. 수산리 곰솔은 나무높이가 15m이고, 가슴높이 둘레는 4.5m이며, 수관 폭은 대략 25m로 넓은 편이다. 수형은 저수지 쪽으로 60% 이상 기울어져 마치 물 위에 떠 있는 듯한 모습을 연출한다. 저수지 쪽으로는 시야 가림이 없어 이곳에 서면 멀리 한라산 정상도 조망이 가능하다.

찾아가기 ▶ 제주국제공항에서 13km, 이호테우 해수욕장에서 9.2km 거리에 있어 접근성이 좋다. 이곳은 오름 수산봉(해발 118.6m)이 수산저수지 뚝방길과 인접한 곳으로 제주 올레길16호 코스를 따라 수산봉에 오르면 멋진 주변 풍경을 감상할 수 있다. 가까운 거리에 제주시의 문화유산으로 사적 항파두리 항몽 유적(5.7km)이 있고 자연유산으로 명승 방선문(14km)과 천연기념물 산천단 곰솔 군(18km), 봉개동 왕벚나무 자생지(24km) 등이 있다.

제주 평대리

비자나무 숲

소재지 제주특별자치도 제주시 구좌읍 평대리 산15
천연기념물 지정일자 1993년 8월 19일
지정면적 448,758㎡
지정당시 추정수령 100~600년

비자나무는 《고려사(2회)》나 《고려사절요(1회)》, 《조선왕조실록(26회)》 등의 기록에서도 자주 언급될 정도로 예로부터 귀하게 여겨져 온 나무다. 《조선왕조실록》에는 비자나무를 중요한 진상품이라고 하여 무분별한 벌목을 금한다는 기록이, 지리서인 《여지승람》에는 열매 채취를 위한 비자나무 숲은 주위에 돌담을 쌓아 엄중히 보호하도록 한 기록이 있다. 목재는 재질과 향이 좋아 다양한 생활도구로, 열매는 약재나 제사 재물로 많이 쓰였다. 그럼에도 현재의 제주 평대리 비자나무 숲이 잘 보존될 수 있었던 것도 나라의 통제하에 보호가 잘 이루어졌기 때문으로 볼 수 있다. 평대리 비자나무 숲은 순수림으로서 매우 희귀할 뿐만 아니라 세계적으로도 그 규모가 커 천연기념물로 보호 관리되고 있다.

이 숲에는 노거수 2,815그루와 후계목 1,000여 그루를 합쳐 대략 4,000그루의 비자나무가 생육하고 있다. 노거수의 추정수령은 300~600년이고, 나무높이가 7~14m이며, 가슴높이 둘레는 1.5~3.5m이다. 필자는 1998년부터 비자나무 숲 보존 및 유지 관리를 위한 사업에 직·간접적으로 참여해 자료 조사, 연구 사업 및 치료 사업을 진행하면서 자주 방문하고 있다. 녹음이 짙고 울창해 삼림욕을 위한 최고의 장소로 정서적, 신체적 피로를 치유할 수 있어 가족과 함께 가 보길 적극 추천한다.

찾아가기 ▶ 제주 구좌읍 평대리의 해안도로에서 1112도로를 따라 한라산 방향으로 6km 거리에 있다. 숲 주변에는 대규모 비자림을 한 눈에 내려다볼 수 있는 아름다운 경관을 자랑하는 다랑쉬오름, 돗오름 등이 있다. 가까운 거리에 있는 제주의 자연유산 천연기념물로 만장굴(9km)과 김녕굴(12km), 당처물동굴(11km), 용천동굴(12km), 선흘리 벵뒤굴(12km) 등이 세계자연유산으로도 등재되어 있다. 평상시 비공개이지만 세계유산축전 기간에는 일부 동굴의 탐험 기회가 주어지니 이 시기를 노려봄 직하다. 산굼부리 분화구(15km), 선흘리 거문오름(15km) 등도 천연기념물로 지정되어 있다.

제주 평대리 비자나무 숲

제주 평태리 비자나무 숲

6

충청남도/
충청북도

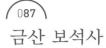

금산 보석사

은행나무

소재지 충청남도 금산군 남이면 석동리 709
천연기념물 지정일자 1990년 8월 2일
지정당시 추정수령 1,100년

　금산 보석사는 통일신라 고승 조구대사에 의해 창건된 사찰로 당시 앞산에서 채굴해 온 금으로 불상을 주조했다고 하여 보석사라 부르게 되었다고 한다.

　금산 보석사 은행나무는 추정수령이 1,100년으로 조구대사가 제자와 함께 심었다고 한다. 이 나무는 신통력이 있어 1945년 광복, 1950년 한국전쟁, 1992년 극심한 가뭄 등과 같이 나라의 큰일이 있을 때마다 소리를 내어 미리 알렸다고 전해진다. 이 은행나무는 산자락 완경사지에 생육하고 있으며 나무높이가 34m이고, 가슴높이 둘레는 10.7m이다. 수관 폭은 동서 방향이 24m로 남북 방향보다 3m 정도 더 넓다.

　상사화와 닮은 꽃무릇이라는 식물을 한 번쯤 보았을 텐데 꽃무릇은 울창한 나무숲 그늘에서 군락을 이루며 나무 사이로 살짝살짝 비추는 햇살을 머금고 자생한다. 금산 보석사가 이 꽃무릇의 명소로, 해마다 가을철이면 꽃무릇이 붉은 카펫처럼 지천으로 깔리는 장관을 보기 위해 많은 탐방객이 찾는다. 꽃무릇은 주로 사찰 주변에서 많이 볼 수 있는데 이는 꽃무릇에서 나오는 독성이 탱화의 해충 피해를 막아 주기 때문이라고 한다. 매년 가을에 보석사 은행나무(대신제)와 꽃무릇 축제가 열리고 있으니 나들이 삼아 방문해 보길 추천한다.

찾아가기 ▶ 통영대전고속도로 금산 요금소에서 11km 거리에 있어 15분 정도면 도착할 수 있다. 금산의 문화유산으로 사적 칠백의총(13km)이 있는데 임진왜란 때 왜적을 무찌르다 순절한 조헌을 비롯한 칠백의사를 모신 곳이다. 천연기념물로는 요광리 은행나무(23km)도 있다.

088

금산 요광리

은행나무

소재지 충청남도 금산군 추부면 요광리 329-8
천연기념물 지정일자 1962년 12월 7일
지정당시 추정수령 1,000년

은행나무는 지구상에서 가장 오랫동안 인류와 함께 해온 식물 중 하나다. 따라서 그만큼 사람과 관련된 전설도 많다. 그 중에서도 한밤중에 은행나무 아래에 한 시간만 머무르면 둔한 아이의 머리가 명석해진다는 이야기는 참으로 솔깃하다. 이 이야기를 듣고부터 필자는 은행나무를

지나칠 때면 어쩌면 나도 모르는 사이 부모님 손에 이끌려 은행나무 아래에 우두커니 서 있었던 적은 없었는지 어린 시절을 되짚어 보곤 한다. 게다가 금산 요광리 은행나무와 같은 거대 노거수 아래라면 지금이라도 반신반의하는 마음으로 한 시간이든 두 시간이든 서 있고 싶은 충동이 생겨난다.

금산 요광리 은행나무는 나무높이가 24m인데, 원줄기의 2m 높이에는 장정 10여 명은 둘러앉을 만한 공간이 있을 만큼 가슴높이 둘레가 13m로 굵다. 나무 둘레에 비해 비정상적으로 키가 작은 편인데 1905년, 1925년, 광복 이후에 강풍에 큰 가지가 부러진 일이 있었다고 하니 그 이유를 짐작할 만하다. 원줄기 밑에 외과처리된 큰 공동이 있고, 수관 폭은 남북 방향이 25m로 동서 방향보다 7m 이상 더 넓다. 그 외 상처나 공동은 외과수술로 치료를 했고, 안전 시설물 등이 설치되어 있으며 나무 근처로 낙뢰 피해 방

지를 위한 피뢰침도 볼 수 있다. 매년 10월이면 노란 황금빛 가을 단풍이 장관이니 단풍 구경도 겸해서 아들과 딸, 혹시 손자와 손녀가 있다면 두 손을 꼭 잡고 한 시간씩 나무 밑에 머물다 돌아가 좋은 결과를 기다려 보는 건 어떨까?

찾아가기 ▶ 통영대전고속도로 추부요금소에서 2.6km 거리에 있어 5분이면 도착할 수 있다. 금산의 문화유산으로 임진왜란 때 순절한 조헌과 칠백의사를 모신 칠백의총(12km)이 사적으로 지정되어 있다. 천연기념물로는 보석사 은행나무(23km)도 있다.

금산 요광리 은행나무

089

당진 삼월리

회화나무

소재지 충청남도 당진시 송산면 창택길 39-2
지정일시 1982년 11월 9일
지정당시 추정수령 500년

　회화나무는 예로부터 은행나무와 더불어 학자수로 귀히 여겨졌다. 실제 정승이 배출된 고택, 문묘 등지에서 이 나무를 볼 수 있으며 길상목으로 집 안에 있으면 가문이 번창하고 큰 학자나 인물이 난다 하여 많이 심었다고 한다. 현재 몇백 년 이상의 회화나무 노거수 대부분을 궁궐이나 향교, 서원 등에서 많아 찾아볼 수 있는데 궁궐 등에서는 귀신 쫓는 나무라고 하여 많이 심었다고 한다.

　당진 삼월리 회화나무는 조선 중종 때 좌의정을 지낸 이행이 이 마을에 정착하며 자손의 번영을 기원하며 심었다고 전해진다. 이 나무의 나무높이는 32m이고, 가슴높이 둘레가 5.9m이다. 수관 폭은 20m가 조금 넘는데 가지가 위와 옆으로 골고루 자라 수형이 매우 아름답다. 낙뢰 피해 방지를 위한 피뢰침과 가지 부러짐이나 찢어짐을 방지하기 위한 안전 시설물 등이 설치되어 있다. 그동안 농가 사유지였던 탓에 탐방객의 방문이 어려웠는데 2024년 4월에 당진시가 회화나무 인근을 복합문화공간으로 탈바꿈시키면서 마음 편히 방문하게 되었다.

찾아가기 ▶ 서해안고속도로 당진요금소에서 6.4km 거리에 있어 10분이면 도착할 수 있다. 가까운 거리에 있는 당진의 문화유산으로 솔뫼성지 김대건 신부 유적(23km)이 사적으로 지정되어 있다. 도기념물인 당진의 면천읍성은 면천면 소재지의 거의 전역을 둘러싸고 있는 조선 초기에 쌓은 읍성으로 걷기에 매우 매력적이다. 당진의 자연유산 천연기념물로 면천 은행나무(23km)도 있다.

090

부여 주암리

은행나무

소재지 충청남도 부여군 내산면 주암리 148-1번지 4필
천연기념물 지정일자 1982년 11월 9일
지정당시 추정수령 1,000년

부여는 백제의 옛 수도로 검소하지만 화려한 고대문화를 꽃피웠던 역사문화의 고장이다. 이러한 고대 백제의 흥망성쇠를 지켜본 은행나무가 있으니 바로 부여 주암리 녹간 마을에 있는 은행나무다. 이 나무는 성왕이 도읍을 부여(사비)로 옮길 즈음, 좌평 맹씨가 심었다고 전해지며 백제는 물론 신라와 고려가 멸망할 때 칡넝쿨이 칭칭 감아 올라가는 사전 징후가 있었다는 전설이 전해질 만큼 그 역사가 오래 된 나무다.

이 은행나무는 나무높이가 23m이고, 가슴높이 둘레는 8.6m로 수령을 고려할 때 규격이 작고 왜소한 편이다. 수관은 밑동부터 분지해 곧게 자란 큰 가지들이 뻗어 형성되었는데 폭은 동서보다 남북 방향이 10m 이상 넓어 30m에 이른다. 오래전 수목 보호를 위해 뿌리 주변에 시행해 왔던 성토 작업이 문제가 되어 고사지가 많이 발생하는 등 고사 위기에 처했으나 주변 환경을 정비하고 은행나무 치료사업을 시행해 현재의 모습을 유지하게 되었다. 전체적으로 작은 가지들이 적어서인지 수관 자체는 허전해 보인다. 그럼에도 나무 아래에 서면 천년 세월의 웅장함을 느끼기에 충분하다. 고려 때 숭각사 주지가 암자 대들보용으로 큰 가지 하나를 베었다가 급사하고 사찰도 폐허가 되었다는 전설과 함께 전염병이 만연하던 시절엔 이 은행나무 덕분에 이 마을 주민들만 화를 면했다는 이야기도 전해진다. 이에 마을 주민들은 이 은행나무를 신목으로 여기고 매년 정월 초이튿날마다 새해맞이 행단제를 거행하며 마을의 안녕과 풍년을 기원하고 있다.

찾아가기 ▶ 서천공주고속도로 서부여요금소에서 9.6km, 부여요금소에서 17km 거리에 있어 15분 전후로 도착할 수 있다. 부여는 백제유적지구로 방문할 만한 곳이 풍부하다. 특히, 관북리 유적과 부소산성(18km), 정림사지(20km), 부여왕릉원(20km)과 나성(20km)은 세계유산으로도 등재되어 있다. 천연기념물로는 가림성 느티나무(24km)도 있다.

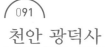

천안 광덕사

호두나무

소재지 충청남도 천안시 동남구 광덕면 광덕사길 30
(광덕리)
천연기념물 지정일자 1998년 12월 23일
지정당시 추정수령 400년

우리나라에 호두나무가 들어온 시기는 정확하지 않으나 일설에 따르면 고려 충렬왕 때 원나라에 사신으로 갔던 류청신이 씨앗과 묘목을 들여와 집과 광덕사에 심은 것이 시초라고 한다. 현재까지 몇 그루가 살아 있는데 광덕사 보화루 앞에 있는 호두나무가 가장 커 천연기념물로 관리되고 있다. 국내 도입 시기와 이 나무의 추정수령(400년)이 맞지 않아 다소 의심스럽긴 하지만 나무 앞에는 '유청신 선생 호도시식지'라는 비석이 세워져 있다. 호도라는 명칭은 오랑캐 나라에서 가져온 복숭아 씨를 닮은 열매라는 의미로, 한때 호두를 대신해 호도나무라고 불렸다고 한다.

광덕사 호두나무는 나무높이가 18m이다. 원줄기가 약 50cm 지점에서 동서 두 줄기로 갈라져 있는데 가슴높이 둘레가 2.7m 내외로 서로 비슷하고 줄기에는 상처를 치료한 외과치료 흔적들이 있다.

찾아가기 > 논산천안고속도로 남풍세요금소에서 14km, 정안요금소에서 16km 거리에 있어 15분 정도면 도착할 수 있다. 서산·영덕고속도로(대전−당진)의 경우는 유구요금소에서 19km 거리에 있다. 함께 탐방할 만한 천안의 문화유산으로 사적 대학산 봉수유적(13km)과 유관순 열사 유적(34km)이 있다. 봉수유적은 조선의 주요 군사통신시설이다. 독립기념관도 천안의 관광 명소중 하나인데 일본의 역사교과서 왜곡에 대응하여 국민 모금을 통해 개관한 역사박물관이다. 천안삼거리는 조선시대 삼남대로의 분기점으로 북쪽은 한성, 남쪽은 경상도, 서쪽은 충정도와 전라도로 연결되는 삼거리였는데 능수버들의 풍경이 아름다워 노래에도 등장한 바 있다. 함께하기에는 좀 멀긴 하지만 천안의 자연유산 천연기념물로 양령리 향나무(50km)도 있다.

092

괴산 오가리

느티나무

소재지 충청북도 괴산군 장연면 오가리 321외 1필
천연기념물 지정일자 1996년 12월 30일
지정당시 추정수령 800년

　느티나무는 튼튼하고 오래가고 크게 자라기 때문에 오래전부터 정자나무로서 우리 삶의 터전에서 쉼터가 되어 준 나무다. 마을의 느티나무는 으레 정자나무로 통하는데 괴산 오가리 우령마을 한가운데에 서 있는 이 느티나무는 그 모습마저도 정자를 연상케 한다. 세 그루가 있어 삼괴정이라 불리며, 지형상 높낮이에 따라 상괴목과 하괴목으로 구분한다. 상괴목을 바라볼 때 왼쪽에 있는 규모가 좀 작은 느티나무를 제외한 두 그루가 천연기념물이다. 상괴목과 하괴목은 서로 60m 정도 떨어져 있고 우령마을이 생길 때 심은 것으로 전해져 수령을 800년으로 추정하고 있다.

　상괴목은 나무높이가 25m이고, 수관 폭이 26m이며, 가슴높이 둘레는 8m인 반면 하괴목은 나무높이가 19m이고, 수관 폭이 22m이며, 가슴높이 둘레는 9.4m이다. 둘 다 지상부 2m 부위에서부터 가지가 자라 수관을 형성하고 있다. 하괴목은 화재로 원줄기에 고사된 부위가 있고, 전체 수세가 상괴목보다 못해 나무 크기가 작다. 하지만 줄기 둘레가 상괴목보다 더 굵어 마을 주민들은 하괴목을 당산나무로 여겨 매년 정월 대보름에 마을의 안녕과 풍년을 기원하는 성황제를 지낸다고 한다. 수목 보호를 위해 외과치료가 진행되었고, 안전 시설물이 설치되어 있다.

찾아가기 ▶ 중부내륙고속도로 괴산요금소에서 7.2km 거리에 있어 10분이면 만날 수 있다. 수안보온천역과는 12km 떨어져 있다. 가까운 거리에 있는 괴산의 자연유산 천연기념물로 미선나무 자생지 세 곳(추점리 4.9km, 송덕리 5km, 율지리 15km)과 적석리 소나무(16km)가 있다. 특히 미선나무는 세계에서 단 한 종밖에 없는 희귀종으로 우리나라에서만 자생하는 것으로 알려져 있다. 개화기인 3~4월 초순경에 방문하면 흰색 꽃의 향연을 느껴볼 수 있다. 이외 국보급 보물을 많이 소장한 각연사(13km)가 가까운 거리에 있다.

괴산 오가리 느티나무

093

괴산 읍내리

은행나무

소재지 충청북도 괴산군 청안면 청안읍내로 3길 8
　　　　(청안초등학교 내) / 읍내리 221-1
천연기념물 지정일자 1964년 1월 31일
지정당시 추정수령 1,000년

　괴산 읍내리 은행나무는 후손들에게 큰 교훈을 주는 이야기가 전해지는 상징성 있는 나무다. 고려 성종 때 선정으로 백성의 존경을 한몸에 받던 성주가 백성을 위해 잔치를 베풀던 중에 성 내에 연못이 있었으면 좋겠다고 하자, 백성들이 성주의 성품을 닮은 '청당'이라는 연못을 만들고 주변에 나무를 심어 존경과 사랑을 표했다고 한다. 이후 후손들은 성주의 맑고 깨끗한 인품을 기려 이 나무를 정성껏 가꾸어 천 년을 이어왔다고 한다.

　이 은행나무는 현재 연못을 대신해 초등교육의 현장인 청안초등학교와 함께하고 있다. 나무높이는 16.4m, 가슴높이 둘레는 7.2m이다. 큰 원줄기 하나에서 가지가 사방으로 잘 뻗어 있으며 수관 발달은 남북보다 동서 방향이 좋다. 줄기에는 크고 작은 공동이 있지만 외과치료로 관리되고 있다. 안전 시설물로 큰 가지를 지탱하는 철재 지지대가 설치되어 있으며 나무 주변으로 울타리가 둘러쳐져 있다.

　우리 옛 조상들은 공자가 제자를 가르쳤다는 '행단'을 염두에 두고 서원이나 향교 마당에 은행나무를 많이 심었다고 한다. 이 은행나무 자리가 지금의 초등학교가 된 것은 결코 우연만은 아닐 것이다. 한편 나무 속에 귀가 달린 뱀이 살고 있어 나무를 해치는 사람에게는 좋지 않은 일이 생긴다는 정겨운 전설도 전해 온다.

찾아가기 ▶ 중부고속도로 증평요금소에서 16km 거리에 있어 차로 20분이면 도착할 수 있다. 중부내륙고속도로를 이용하면 괴산요금소에서 37km 떨어져 있어 30분 이상 걸린다. 괴산의 자연유산 천연기념물로 사담리 망개나무 자생지(33km)가 있고, 주요 문화유산으로 사적 송시열 유적(25km)이 있다.

094

보은 서원리

소나무
(정부인송)

소재지 충청북도 보은군 장안면 서원리 49-4번지 1필
천연기념물 지정일자 1988년 4월 30일
지정당시 추정수령 600년

보은 서원리에 정이품송과 부부 사이라 하여 정부인송이라 불리는 소나무가 있다. 실제로 2002년부터는 정이품송의 우수한 유전형질을 보존하기 위해 정이품송 꽃가루를 정부인송 암꽃에 수분시켜 '정이품송 후계목'을 얻는 사업을 진행해 오고 있다. 사실 소나무는 암그루와 수그루가 따로 있지 않고 암꽃과 수꽃이 한 몸에서 나는 암수한그루이다. 그럼에도

사람들은 나무의 외형이나 느낌에 따라 정이품송과 정부인송처럼 성별이 있는 것처럼 부르기도 한다. 정이품송이 줄기를 곧게 쭉 뻗은 남성상의 모습이라면, 정부인송은 줄기가 두 갈래로 갈라져 우산 모양으로 펼쳐진 가지들이 마치 한복을 입은 듯한 여인의 모습을 연상시킨다.

이 소나무의 나무높이는 15m이고, 근원부 둘레가 5m이다. 원줄기의 대략 80㎝ 높이에서 두 갈래로 갈라져 자라서 펼쳐진 모습이 전체적으로 우산을 편 모양을 하고 있다. 수관 폭은 23m에 이르는데 2004년에 폭설로 인해 큰 가지가 부러져 동북쪽 수관의 손상이 있었다. 늘어져 있는 큰 가지들을 안전 보호 시설물인 많은 지지대들이 떠받치고 있다.

찾아가기 ▶ 서산영덕고속도로(청주-상주) 속리산요금소에서 6.5km 거리에 있어 10분 내에 도착할 수 있다. 가까운 거리에 있는 보은의 문화유산으로 사적 법주사(9.2km)와 삼년산성(13km)이 있다. 특히 법주사는 '부처님의 법이 머무는 절'이라는 의미로 관련 국보급 보물을 많이 소장하고 있다. 보은의 자연유산 천연기념물로 속리 정이품송(7.2km), 속리산 망개나무(11km), 용곡리 고욤나무(30km)도 있다.

095

보은 속리

정이품송

소재지 충청북도 보은군 속리산면 법주사로 99 /
상판리 17-3
천연기념물 지정일자 1962년 12월 7일
지정당시 추정수령 600년

속리산은 예로부터 조선 8경의 하나로 유명했지만 일반적으로 속리산 하면 가장 먼저 떠오르는 건 법주사와 정이품송일 것이다. 특히 정이품송은 조선시대 세조(1464년)가 요양차 속리산 법주사로 행차하던 중 소나무의 가지가 처진 것을 보고 "연(가마) 걸린다"고 하자 소나무가 가지를 번쩍 들어 세조를 무사히 지나도록 했다고 한다. 이에 세조는 소나무의 충정을 기려 벼슬을 내려 정이품송이 되었다는 유명한 이야기가 전해진다.

정이품송은 우리나라 대표격인 소나무로 엄청난 비용을 지불하며 각종 피해로부터 보호하려는 노력을 기울였는

데 필자도 강전유 스승님(우리나라 최초 나무병원 설립)과 함께 80년대에 직접 보호사업에 참여하기도 했다. 그럼에도 1981년에는 솔잎혹파리가 극심한 피해를 주었고, 1993년에는 봄 폭풍, 2004년에는 강풍과 폭설 등 천재로 큰 가지가 부러지는 피해를 겪다 지금은 반쪽의 모습만 유지한 채 과거의 수려했던 영광을 찾아볼 수 없게 되었다. 그나마 다행인 것은 600년의 웅장함과 과거의 모습을 어느 정도 유추해 볼 정도의 수려함은 남아 있다는 것이다. 필자는 정이품송 나무 아래 설 때면 나무 치료에 심혈을 기울이시던 스승님의 모습이 떠오르며, 당시 스승님의 열정적인 노고가 없었다면 과연이 나무가 살아남을 수 있었을까 싶은 생각이 들곤 한다. 현재 정이품송의 나무높이는 14.5m이고, 가슴높이 둘레가 4.8m이다. 수관 폭은 17m에 이르렀는데 강풍 피해로 큰 가지가 부러져 동서는 3~4m 정도 좁아졌다.

찾아가기 ➤ 서산영덕고속도로 속리산요금소에서 12km 거리에 있어 20분이면 도착할 수 있다. 가까운 거리에 보은의 문화유산으로 법주사(3.3km)와 삼년산성(12km)이 사적으로 지정되어 있고, 자연유산 천연기념물로 속리산 망개나무(3.5km), 서원리 소나무(10km), 용곡리 고욤나무(28km) 등도 있다.

보은 속리 정이품송

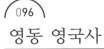
영동 영국사

은행나무

소재지 충청북도 영동군 양산면 누교리 1395-14
천연기념물 지정일자 1970년 4월 27일
지정당시 추정수령 1,000년

　영동 천태산에 있는 영국사는 통일신라 말 원각국사에 의해 창건된 사찰로서, 고려 공민왕이 홍건적의 내습을 피하여 이곳에 머무르며 나라의 안녕을 기원하였다고 하여 영국사로 불리게 되었다고 한다. 이 천년 고찰과 깊은 역사적 인연을 추정케 하는 1,000년 고목의 은행나무는 영국사 정문에서 동남쪽으로 200m 정도 떨어진 곳에 있다. 전해지는 이야기에 따르면 이 은행나무는 국가에 큰 난이 있을 때마다 소리를 내어 울었다고 한다.

　이 은행나무의 나무높이는 31m이고, 가슴높이 둘레는 11m이다. 원줄기 2m 높이에서 가지가 사방으로 퍼졌으며, 수관 폭은 남북 방향이 25m로 동서보다 3m 정도 더 넓다. 줄기는 여러 곳이 부분적으로 썩어 외과치료로 공동이 충전되어 있고 안전 보호 시설물로 철재 지지대와 울타리 등이 설치되어 있다. 이 나무 서쪽에 5m 이상으로 자란 은행나무가 있는데 서쪽으로 뻗은 가지 중 한 가지의 끝이 땅에 닿아 뿌리를 내려 독립된 개체가 되었다고 한다. 가을이면 은행나무와 주변 단풍이 어우러져 장관을 이룬다. 해걸이가 있어 열매가 한 해는 많이, 한 해는 적게 달린다고 하니 열매의 냄새를 지극히 싫어한다면 열매가 적게 달리는 해를 골라 방문해 보길 추천한다.

찾아가기 ❯　영국사는 통영대전고속도로 금산요금소에서 22km, 경부고속도로 금강요금소에서 24km, 옥천요금소에서 26km 거리에 있어 30~40분이면 도착할 수 있다. 영동의 자연유산 천연기념물로 매천리 미선나무 자생지(26km)도 있는데 미선나무는 세계에서 단 한 종으로 우리나라에서만 자생하는 것으로 알려져 있다.

097

청주 공북리

음나무

소재지 충청북도 청주시 흥덕구 오송읍 공북리 318-2
천연기념물 지정일자 1982년 11월 9일
지정당시 추정수령 700년

　예전에는 집집마다 음나무 한 그루씩은 키웠던 것 같다. 봄이면 연한 새순을 따서 나물로 데쳐 먹고, 가시가 있는 가지는 잘라서 약닭을 끓일 때 넣어 먹기도 했다. 하지만 집 주변에 음나무를 심었던 보다 큰 이유는 집 안에 악귀가 들어오는 걸 막기 위해서였다.

　청주 공북리 음나무는 추정수령이 약 700살이며, 나무높이가 8.9m이고, 근원부 둘레가 8.5m, 가슴높이 둘레가 4.9m에 이르는 음나무로서는 보기 드문 노거수다. 원줄기가 5m 높이에서 두 갈래로 갈라지고 가지가 사방으로 뻗어 있는데 남동쪽으로 약 30도 정도 기울어져 있어 철재 지지대와 울타리를 설치해 안전하게 관리하고 있다. 음나무의 가시는 어릴수록 사납다가 나이가 들수록 밋밋해지고 차츰 빠진다. 공북리 음나무도 줄기에 가시를 찾아볼 수 없고 이를 대신해 이끼가 덮혀 있는데 이것이 오히려 노거수의 깊은 연륜을 느끼게 한다.

찾아가기 ▶ 이 음나무는 경부고속도로 옥산요금소에서 9km, 청주요금소에서 8.3km, 논산천안고속도로 남풍세요금소에서 21km 거리에 있어 15~20분 정도면 만날 수 있다. 청주의 문화유산으로 사적 흥덕사지(16km)와 상당산성(32km)이 있고, 자연유산으로 천연기념물 연제리 모과나무(2.1km)도 있다.

7

서울특별시

서울 문묘

은행나무

소재지 서울특별시 종로구 성균관로 31
(명륜3가, 유림회관) / 명륜동 3가 53
천연기념물 지정일자 1962년 12월 7일
지정당시 추정수령 400년

　서울 문묘(文廟)는 공자의 신위를 모신 사당으로, 문묘의 '묘'는 무덤이 아니라 위패를 모시는 사당을 뜻한다. 서울 문묘 은행나무는 성균관 유생들에게 학문을 가르치던 명륜당 앞뜰에 자리하고 있는데 공자가 은행나무 아래에서 제자를 가르쳤던 '행단제도'를 본 따 심은 것으로 짐작된다. 현재 두 그루가 남아 있으며 그중 명륜당 입구 쪽에 있는 은행나무가 천연기념물이다. 대성전 앞뜰 신삼문 좌우에도 은행나무 두 그루가 있는데 서울시가 기념물로 지정해 관리하고 있다.

　문묘 은행나무의 나무높이는 21m이고, 가슴높이 둘레는 7.3m이다. 가지 아래쪽으로 유주가 잘 발달되어 있으며 특히 두 개의 유주는 1m 이상 길게 늘어져 있어 눈길을 끈다. 줄기는 곧추 자라 사방으로 고르게 뻗어 있고 가지 생장이 왕성하여 수형이 아름답고 주변 건축물과도 조화로워 사계절 내내 편안하게 풍광을 즐기려는 시민들의 발길이 잦다. 특히 가을이면 햇살에 빛나는 황금빛 노란 단풍은 사랑하는 연인이 아니어도 찾는 모든 이의 가슴을 설레게 할 정도로 아름다워 이 시기의 방문을 적극 추천한다.

찾아가기 ▶ 대학로 마로니에공원에서 약 1.2km, 4호선 혜화역 4번 출구에서 670m 거리에 있어 마음의 여유만 있다면 산책하듯 방문할 수 있다. 서울 종로구는 조선왕조의 한양도성으로서 서울 문화관광의 중심지로 경복궁을 비롯해 많은 사적지가 있다. 명승지로는 백악산 일원(6.1km)과 부암동 백석동천(7.7km)이 있다. 서울의 자연유산으로 천연기념물은 대부분 종로구에 모여 있는데 재동 백송, 조계사 백송, 삼청동 등나무와 측백나무, 창덕궁 향나무, 다래나무, 뽕나무, 회화나무 군, 그리고 청와대 노거수 군이 있다. 나머지 자연유산 천연기념물로 선농단 향나무와 신림동 굴참나무는 각각 동대문구와 관악구에 자리해 있다.

서울 문묘 은행나무

백송

소재지 서울특별시 종로구 북촌로 15(재동, 헌법재판소)
천연기념물 지정일자 1962년 12월 7일
지정당시 추정수령 600년

　백송은 중국이 원산지로 사신이 왕래할 때 가져와 심은 것으로 추측된다. 우리나라에서 가장 오래된 백송은 서울 재동 헌법재판소 오른쪽 뒤뜰 언덕 위에 있는 것으로 추정수령이 600년이다. 재동 백송은 나무높이가 15m이고, 가슴높이 둘레는 2m이다. 거의 지표면 가까이에서부터 두 개의 굵은 줄기가 갈라져 수관을 형성하고 있다. 갈라진 줄기의 넘어짐 방지를 위해 안전 시설물 등이 설치되어 있으나 자연재해 피해로 가지가 부러져 수관이 점점 왜소해지고 있어 마음이 아프다.

　백송은 나무껍질이 넓은 조각으로 벗겨지면서 흰빛이 되기 때문에 줄기가 얼룩얼룩하고 흰 것이 특징이다. 어릴 때는 초록빛을 띠다가 자라면서 점차 흰색으로 변하고 노목일수록 더 흰색을 띤다. 옛날에는 백송의 나무껍질 색깔이 평소보다 희어지면 길조로 여겼다고 한다.

　재동의 이름은 세조 계유정란 때 피비린내를 제거하기 위해 마을 사람들이 재를 뿌린 동네라는 데서 유래되었다고 한다.

찾아가기 ▶ 지하철 3호선 안국역에서 도보로 5분 거리에 있다. 주변에는 북촌 한옥마을, 인사동 문화거리, 종묘, 청와대 등 먹거리와 볼거리가 풍부하며 약간의 시간만 투자하면 희귀성이 매우 높은 백송도 만나 볼 수 있다. 가까운 거리에 있는 조계사 경내에도 자연유산 백송 한 그루가 천연기념물로 지정 보호 관리되고 있다.

서울 재동 백송

100

창덕궁

향나무

소재지 서울특별시 종로구 율곡로 99, 창덕궁(와룡동)
천연기념물 지정일자 1968년 3월 9일
지정당시 추정수령 750년

　창덕궁 향나무는 2010년 태풍 곤파스로 인해 4.5m 높이의 가지가 부러지는 피해를 입었지만 불행 중 다행으로 원줄기는 온전하게 남았다. 당시 태풍 피해로 절단된 가지는 궁궐 나무라고 하여 특별히 종묘제례나 기신제 등 행사의 제향으로 활용되었다고 한다. 예로부터 향나무는 청정(淸淨)을 의미해 궁궐이나 절 등에 많이 심어졌다고 한다.

　현재 창덕궁 향나무의 나무높이는 12m이고, 근원부 둘레가 5.9m이다. 나무 모양은 줄기가 올라가면서 용틀임하듯 뒤틀려 있어 마치 용이 하늘로 비상하는 것처럼 보인다. 동서남북으로 뻗은 네 개의 큰 가지가 있었는데 남쪽 가지는 잘렸고, 북쪽 가지는 죽은 상태다. 좌우 두 개의 큰 가지는 옆으로 길게 꼬불꼬불 기형적으로 늘어져 거의 땅바닥에 이른다. 이처럼 처진 가지나 수평 가지들은 필자의 기술 제안에 따라 중앙 부위에 큰 지주를 세우고 지주 꼭대기의 원형 철재 밴드에서 환상으로 배열한 철선과 연결해 비바람이나 적설에 의해 부러지지 않도록 예방하고 있다. 또 지면에 가깝게 처진 가지는 목재 지지대를 설치해 현재의 모습으로 보호 관리되고 있다.

찾아가기 ▶　3호선 안국역에서 10분 거리에 있다. 창덕궁 돈화문을 통과해 북쪽으로 약 150m를 걸으면 봉모당 뜰 앞에서 만날 수 있다. 만약 창덕궁 후원을 관람하고 나오는 길이라면 그냥 지나치기 쉬우므로 미리 동선을 파악해 방문하길 바란다. 창덕궁 안에는 역사와 삶을 증언하는 자연유산 천연기념물 노거수로 뽕나무, 회화나무 군도 있으니 함께 탐방하면 좋을 것 같다. 하지만 창덕궁 다래나무는 미공개 구간이라 아쉽게도 일반인에겐 제한된다.

서울 창덕궁 향나무

참고문헌

- 국가유산청 https://www.khs.go.kr
- 천연기념물센터 https://www.nrich.go.kr
- 국가유산청, 《통계로 보는 국가유산, 국가유산청》, 2024. 8.
- 김계식 외, 《문화재대관 – 천연기념물·명승[식물편]》, 문화재청, 2009. 12.
- (재)한국자치경제연구원, 《제주 평대리 비자나무 숲 실태조사 및 종합진단계획 수립, 제주특별자치도 세계유산본부》, 2018. 9.
- 이경준, 《한국의 천연기념물 노거수편》, 도서출판 아카데미서적, 2006. 4.

저자 소개

이상길

신구대학교 환경조경과 졸업
한국방송통신대학교 농학과 졸업(농학사)
상지대학교 대학원 임학과 졸업(농학석사)
상지대학교 대학원 임학과 졸업(농학박사)
1988~1998 나무종합병원(강전유) 재직
한강나무병원 원장
신구대학 환경조경과 강사
도시녹화기술자문위원(용산구청)
서울특별시 자동차전용도로 녹지관리에 대한 기술자문
현장기술을 지원하는 그린오너로 위촉(서울특별시 시설관리공단)
2008 함평 세계나비 · 곤충엑스포 실외조경분야 자문위원
서울시 중구 도심 가로수 소나무 특화거리 기술자문위원(서울시 중구청)
한국전통문화대학교 전통조경학과 강사
사단법인 한국수목보호협회 부회장

〈주요 저서〉
《나무의 피해 진단 및 치료》, 생각하는 백성, 2008.
《나무해충도감》, 태일소담출판사, 2008.
《나무병해도감》, 태일소담출판사, 2008.
《주요나무병 · 해충 목록집》, 생각하는 백성, 2009.
《나무 병해충도감》, 자연과생태, 2014.

이규범

신구대학 환경조경과 졸업
한국방송통신대학교 농학과 졸업(농학사)
1994~1998 나무종합병원(강전유) 재직
한라나무병원 원장
LH공사 녹지분야 심의위원
세종특별자치시 환경녹지 심의위원
부여군 환경녹지 심의위원
서울특별시 환경녹지 자문위원

꼭 한번은 가봐야 할 우리나라 자연유산

천연기념물(식물) 100선

ⓒ 이상길, 이규범 2025

초판 1쇄 발행 2025년 4월 10일
초판 2쇄 발행 2025년 5월 30일

글·사진 이상길, 이규범
펴 낸 이 박미경

펴 낸 곳 마루비
출판등록 제2016-000014호
주   소 서울특별시 마포구 마포대로 33 오동 2310호
전   화 02-749-0194
팩   스 02-6971-9759
이 메 일 marubebooks@naver.com
페이스북 marubebooks
인 스 타 marubebooks
디 자 인 미로의 공원

ISBN 979-11-91917-63-5 03480